新版

系統牛を飼いこなす

多頭化時代の儲かる飼養技術

太田垣 進―著

農文協

まえがき

　和牛は肉専用種となり、枝肉成績から育種価評価値が算出され、それに重点を置いた改良がすすめられて、産肉能力の高い優良系統牛が飼育されるようになりました。繁殖経営でほんとうに儲けていくには、こうした優良系統牛の発育の仕方をしっかりつかむことが重要です。例えば、まず子牛の体高を伸ばし、腹づくりを優先させてから発育を揃えるようにしなければなりません。また、牛を見抜く目を養い、その能力を最大限に引き出してより高く売る管理法を身につけるなど、飼養技術の向上も求められます。優良系統牛は、飼育者が牛と接する時間を多くし「手まめ」をかければかけるほど能力を発揮してくれるものです。

　しかし、繁殖経営ははやくても年に一回、子牛を販売したときだけが「給料日」なのと、和牛の一日一日の状態変化は小さいので、どうしても管理がおろそかになりがちです。一頭ごとに栄養状態をチェックするのはむずかしく、異常に気づいたときは手遅れになっているケースも多くあります。また飼料の給与量も、子牛価格が高いと多く、安いと少ないとか、これくらいでよいだろうといった「だろう飼い」もまだまだ多く、なかには肥育牛かとまちがえてしまう牛も見かけます。

　繁殖牛の管理では、一年のうちで集中的な観察や管理を行なう時期と手を省く時期をわきまえた飼い方や、牛の糞や食欲、しぐさなどから短時間で健康状態をつかむ自分なりの工夫が必要です。

　一方で、多頭化がすすむなかで粗飼料も野草から飼料作物へ、さらに輸入粗飼料を主体にする専業経営も増えており、飼育者中心の省力管理が多くなっていますが、粗飼料の給与も牛と相談してすすめないと思わぬ障害や事故を引き起こしかねません。すなわち、儲かる繁殖経営とするためには、自分の牛、経営、立地条件にあった「我が家流」「地域流」の管理技術が求められるのです。

本書は、兵庫県但馬地方で培われてきた集約的な飼養管理を土台に、先輩諸氏のご指導によって得た知識や試験研究の成果、また農家の方々と一緒になってつくり上げた技術のなかから、ほんとうに儲けるために欠かせないと思われる牛飼いのポイントを、私なりにまとめたものです。

前書『肉質タイプ　系統牛を飼いこなす』は、繁殖経営でとくに重要な「連産性が高く子育ての上手な牛の選抜法」「子牛を高値で販売するための管理法」「連産させる分娩前後の飼料給与法」などに力点をおいて一九九〇年に出版しましたが、本書はその後明らかになった研究成果や、農家現場で得た新知見を盛り込むとともに、専業農家や一貫経営農家にも役立つ飼養管理技術を加えて新版としました。本書からほんとうに儲かる繁殖経営のヒントを一つでもつかんでいただけたら、望外の幸いです。

本書に掲載した多くの写真は、但馬牛の改良と指導に貢献された松村義男氏のご厚意によるものです。

二〇〇八年三月

太田垣　進

目次

第3章　子牛の飼い方

第4章　育成牛の飼い方

第5章　繁殖牛の飼い方

第6章　儲かる経営と飼い方

第1章

優良系統牛飼育の着眼点

1　なぜ飼いこなせないか

(1)　適正な飼養管理がなされているか

　和牛は肉専用種となってから、体型は大型となり、産肉能力とくに肉質（脂肪交雑）を重視した育種改良がなされている。しかし、繁殖牛にとって課せられた重要な役目は、昔と変わらず連産性と子育てである。これには、連産性の高い牛を揃えることと飼育者の管理が大きな影響を与えている。

　近年の牛はおとなしく、発情徴候も弱いので受胎率が悪いという話をよく聞くが、これは繁殖に適した牛が選抜されていないか、牛にとってストレスのない牛舎環境で繁殖生理に合った飼養管理がなされていないためだと思われる。牛はどのような飼養管理をされても、不満は言わず、しんぼう強く耐えている。また、粗悪な飼料を与えられてもはじめのうちは残すことで態度に示すが、ほかに食べるものがないために仕方なく食べ、最後には病気になってしまう。こうした牛をみると言葉で表現できないさびしさを感じる。人間は不満があれば言葉で表わし、最後の手段としてはストライキがある。牛はいやなことをされると一度は態度で示すがストライキはできない。牛をみて、牛が何をしてほしいのかを感じとれるような、深い愛情をもった飼育管理が必要である。

　しかし、牛の生理、習性を正しく理解したうえでの愛情でなければ、逆に牛を悪くしてしまうことになる。飼料給与は、子育てと繁殖成績をよくするために重要なポイントであるが、牛が「モウ」と鳴けば飼料を与える農家や、必要量を決めて与えていても粗飼料が残っていると濃厚飼料を追加して食べさせる農家などが見られる。牛が鳴くから飼料を与えたり、粗飼料が残っているから濃厚飼料を追加するのではなく、牛の栄養状態をみて加減することが大切である。

　牛は飼育者の気持をよく知っている。昔のように労働もしない現在の牛に、ごちそうを腹いっぱい食べさせるとたちまち成人病になってしまう。必要とする飼料を与えたあとは心を鬼にして追加しないことが大切で、食欲がなければ繁殖成績も悪くなることを念頭におくことが重要である。とくに気になるのは、現在ヨダレを出している牛が見られなくなっていることで、牛が求めている飼養管理がなされていないのではないかと思われる。「牛のヨダレのように」というたとえがあるように、繊維の豊富な山野草を食べ、反芻回数やだ液を多く出すことは胃腸が丈夫な証拠である。

(2)「省力」でストレスを与えていないか

人間はいちど楽をするとそれが普通のことになって、元に戻すことはなかなか困難になる。人間が楽をすることによって苦痛をうけるのは弱い立場のものであり、態度で示すことができない牛ではないだろうか。

近年の母牛ではよく見かけるしぐさとして、舌を口の中で動かしたり、出したりすることがある。長く舌を出すのは〝ヘビ舌〟として嫌われているが、これは牛が舌で遊んでいる様子なのである。このようなしぐさをする牛は舎飼い中心で、屋外にはあまり出してもらえないことや粗飼料不足が原因と考えられる。

牛舎の構造が牛にストレスを与えている例もある。例えば、牛床を乾かすために勾配を強くすると、牛はすべらないように常に後方に気をつかうことになる。また、タテカンヌキの牛舎で飼料給与を楽にしようと、飼槽を牛の大きさの割に低くしすぎると（牛にとって食べやすいのは、飼槽の底が胸底と同じ高さである）、牛は飼料を食べるたびに肩をおしつけるようになり、ひどくなるとハガエ肩（肩端が極端に突出する）になり体型がくずれてしまう。

さらに子牛の場合、舎飼い中心だと走り廻ることや日光や雨にあたらないことが多い。とくに代用乳哺育では狭い牛房に入れられ自由にならない。このような飼育法では、子牛はヒジ立ちと体の伸びがなく、正常な発育

図1　人によく慣れた子牛

自分のおやつを子牛に分けている小学生

は望めない。このような人間中心の省力管理によって牛にストレスがたまり、繁殖成績や子牛の発育などに悪影響を及ぼしている。牛と相談して、牛のための省力管理に心がけることが大切である。

　昔の牛には使役という重要な役割があり、そのために人と接する時間が長く、人によく慣れていた。また、飼育している人の性格をよく知っており、田起こしをすればその人の性格がわかるくらいであった。

　しかし、現在では使役もなく、飼育がしやすい省力管理がすすめられ、また、多頭化に伴い人と牛が接する時間が短くなり、牛を扱うのに恐怖心をもつ人もみられる。牛も人とふれあう経験がないので、人を恐がっているようである。こうした牛は、発育や繁殖成績に悪影響がみられる。牛を観察する時間を長くして、人によく慣れた牛に育てることが生産性向上につながるのではないだろうか。

(3) 牛の個性や環境の変化に対応できているか

　毎年生まれてくる子牛は交配種雄牛が同じであっても、体型や発育は一頭ごとに違うし、気象条件や給与飼料などでも牛は変化する。また、多頭化すると、かえって利益が少なくなる例があるが、これは牛をしっかりと理解せずにむやみに頭数だけを増やし、労働力の不足が生じたことが原因である。牛舎の構造、飼料の種類や給与方法などによって牛は変わってくる。こうした牛の個性や環境の変化に対応するには、牛を見る目を磨き、とくに糞と被毛の状態と活力（食欲）で毎日の健康状態のチェックをし、どのようなしぐさが正常なのかを知ることが必要である。そのようになるには、牛を好きになることがいちばんである。

　牛を見ると悪い所を先にみつけることが多いと思うが、そうではなく、まずよい所をみつけてやることである。これが牛を好きになる第一歩である。

　牛が好きであれば、毎朝、牛のためになる管理に知恵をしぼって計画することができ、そうすることで牛が儲けてくれるから、もっと好きになる、好きだから除糞や草刈りなどの重労働も苦にならず、牛のためになることなら努力し考え実行する。こうなると牛飼いが楽しくなり、利益が増し、経営も安定してくる。反対に、牛が嫌いであれば、人間中心の省力管理をするようになる。そうすると価格が安くなり、牛飼いが苦となり、他に職を求めることになってますます価格が安くなる。結局、牛は儲からないものと決めつけてしまい、最後には牛を手放してしまうことになる。

(4) 他人の飼い方にふりまわされていないか

優秀な農家を視察にいってだれもがすぐたずねることは、飼料の種類と給与量であるが、それをそのまま取り入れただけではうまくいかないことが多いのではないだろうか。

例えば、通年サイレージ給与方式で飼育している農家に視察にいくと、サイレージを食べさせると牛がよくなることしか頭になくて、肝心のサイレージのつくり方や給与量は充分に聞かないまま帰ってきて、自分の飼い方に取り入れる。しかし、サイレージで飼育して子牛の発育が逆に悪くなった場合には、サイレージはダメだということになる。同じようなことは濃厚飼料の種類、管理方式などでもよくみられる。

こうなると自分の飼い方がわからなくなり、いろいろと考えたり、また人の話を聞き、飼い方がめまぐるしく変わる。これは泥沼に足を入れたのと同じで、もがけばもがくほど経営がうまくゆかない。そして長い期間が経過して落ちついてみるとはじめの飼い方にもどっていることがある。大きな木でも幹を切られればたちまち枯れてしまう。したがって視察で気づいたことや、人の話でよいと判断したことは枝にして取り入れてみて、悪ければいつでも切り落とせるような経営をしなければ何年たっても安定した経営は望めない。

農家ごとに飼養規模、労働力、粗飼料生産量などが異なるので、現在の経営内容を土台にしてよい所はそのままにし、悪い所は自分なりに、また指導者に聞き少しずつ改善して、自分の経営に合った我が家の飼い方を早く確立することが大切ではないだろうか。

そのためには、毎年の飼育管理方法、繁殖成績、子牛の発育状況などについて、自分で気がついたことを詳細に記録しておくことが重要である。

2　牛の見方がまちがっていないか

(1)　和牛の体型は三タイプあり体質が異なる

和牛の体型は大きく分けて三タイプある。すなわち、前躯と後躯の大きさを比べると、①前躯が大きく後躯が小さい前勝ちの牛、②前躯と後躯の大きさが同等な長方形の牛、③前躯より後躯が大きい牛、の三つの体型をした和牛がいる（図2）。

タイプ別の体質は、①では額狭く鼻梁は長いが、顎および口が小さく、前幅がなく体積に乏しい。中躯は長い体型をしており、飼料の利用性が悪く肥えにくい。しかし、外観がやせているようでも尾枕や内臓脂肪がつきやすいなどの傾向にある。

③では額は広く鼻梁は短く額が張り、口が大きく、体幅がある。中躯が短く、深みがあり体積のある体型をしており、飼料の利用性が富み肥えやすい。しかし、太っているようでも脂肪の付着は感じられないなどの傾向にある。

②では①と③の中間的な体質をしており、現在理想とされている体型である。

このように体型により体質が大きくちがうので、各農家で異なる和牛が混在していると体質により飼養管理を変える必要がある。しかし、牛により給与量を変えることはなかなかできにくいことから、能力を充分発揮できず優秀な能力をもちながら悪いレッテルをはられることになる。例えば、枝肉成績で最高位の母牛から生産された娘牛、息牛（去勢牛）を導入し飼養管理に励んでおられても、その遺伝的能力を最大限に発揮させるには、他の要因もあるが、我が家の飼養管理に合った体型（体質）でなければ期待どおりの成果が得られないことがあるのはこのようなことによるものである。

体型により体質、飼養法は大きく異なるので、各農家で飼養されている牛で生産性にバラツキがみられる場合は、体型、大きさを再度確認する必要がある。また、肥育牛においても同様で、とくに増体能力にバラツキがみられる場合はこのような要因が考えられる。

(2)　我が家で儲けてくれるよい牛とは

我が家で一番よい牛だと自慢される

図２　和牛の体型は三タイプあり体質が異なる

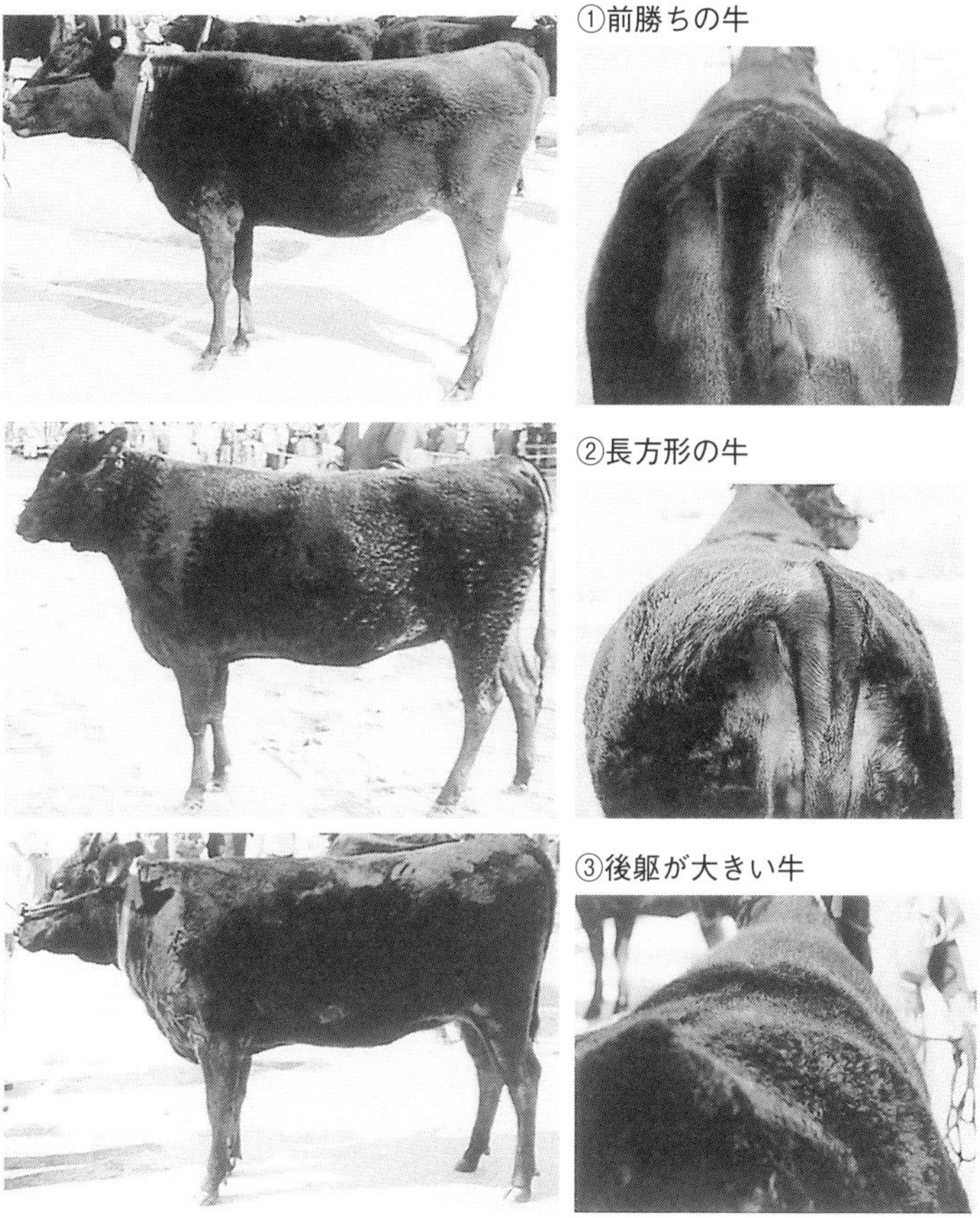

①前勝ちの牛

②長方形の牛

③後躯が大きい牛

牛は、人によってちがいがあり、大型牛、よく肥えて体型がよく見える牛、登録点数の高い牛、繁殖成績のよい牛、子牛が高く売れる牛などいろいろである。こうした牛のうちで多くの人がよい牛だといわれるのは、外観がよい牛である。体型がよく、登録審査で点数が高いことが主な理由のようである。

しかし繁殖経営でよい牛とは、体型はりっぱでなくても、連産性が高く、子牛が高く売れるいわゆる儲けてくれる牛でなければならない。体型のよい牛は儲からないとよく聞くが、これは見た目がよくなるように過度に栄養をつけて肥やすことが、繁殖成績や乳量に悪影響を及ぼしているためではないだろうか。このように、儲けてくれる要素のある牛でも、我が家の飼養管理に合っているか否かにより儲からない牛になる。したがって、儲けるためには風潮に惑わされず、目標としている種牛能力と産肉能力とがいちばん優れている牛は、どのような体型をしているかを充分に確認して、そのような牛を保留し、また購入して揃えることが重要である。

(3) 連産性が高く、子育ての上手な牛の姿とは

連産性は飼養管理の良否による影響が大きい。しかし、一二産以上連産した牛を見ると、その姿に共通する点がみられる。また現存している雌牛の家系を調査して、地域内に数多く保留されている系統は連産性が高いといえる。このようなことから、体型や性質で連産性のよい牛を想定することは可能なのではないだろうか。

昔から「牛は肩で子を産む」という諺がある。肩付きがよい牛でないと連産性が望めないということで、牛の選定にあたってとくに重要視されている。一二産以上連産した牛の体型を見ても、その体型の特徴として、やや前勝ち（後躯に比べ前躯が充実）で、体積は比較的乏しく肩付きがしっかりしており、年齢に比べ体型がくずれていないが、背線に弾力性がある点があげられる。また性質はやや気性が強い傾向がある。

図3　21歳当時のすけまつ号

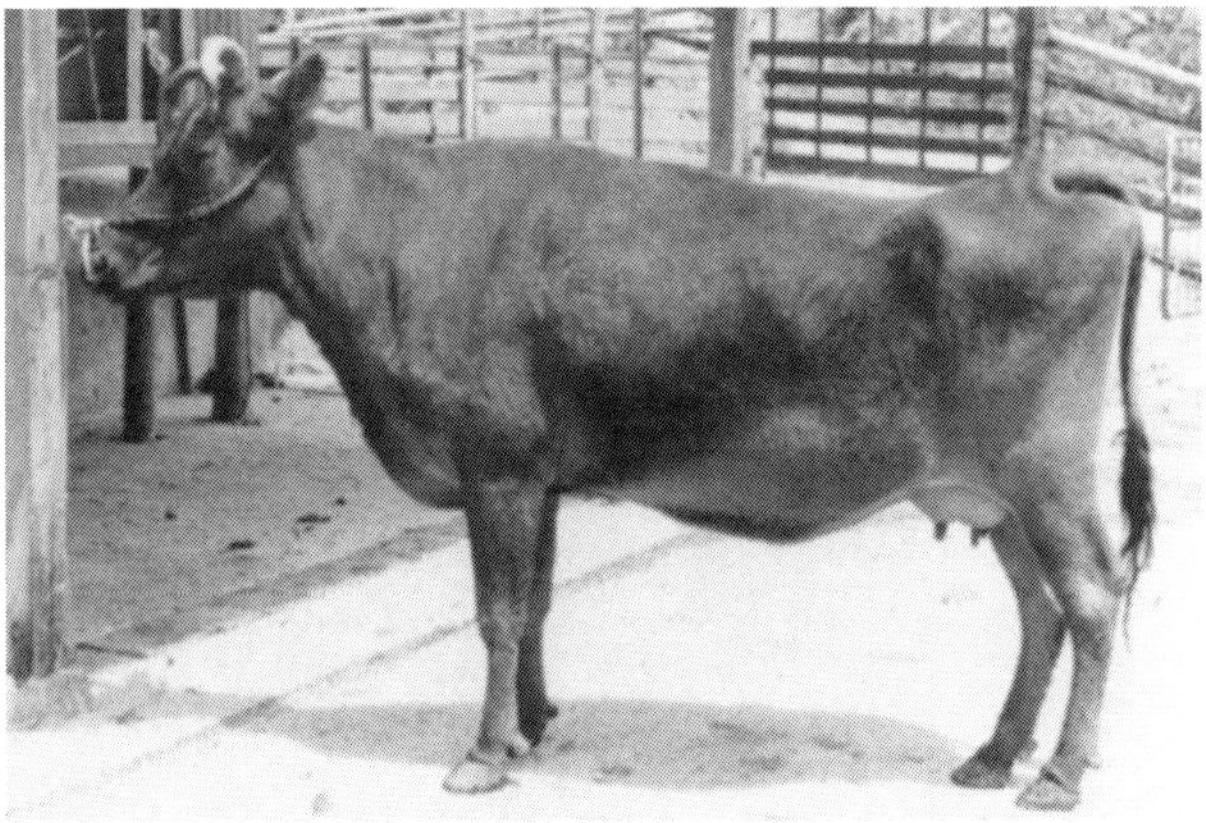

肩付きがよく，蹄と肢の境目がもり上がり四肢がしっかりとしており，体型がくずれず，乳徴もよい

図4　肩付きのよしあしと肩甲骨

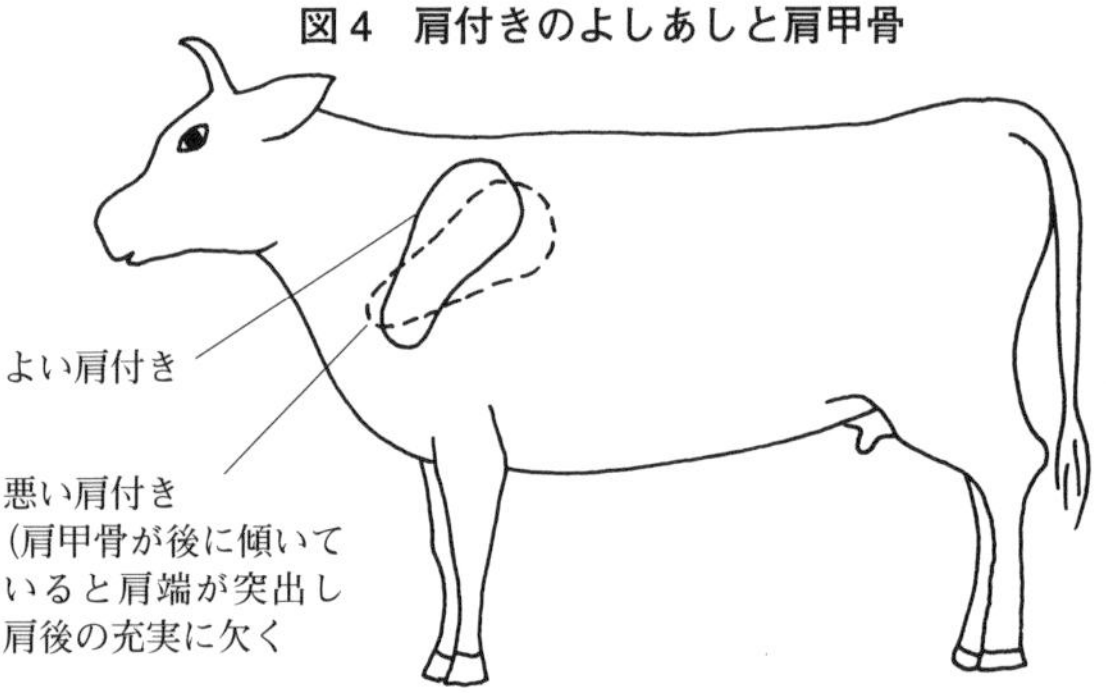

図5　連産性が高く子育てのよい牛（16歳当時）

肩付きがよく体型がしっかりしている

図6　前勝ちだが肩付きのよい牛

後躯がさびしく体積が乏しい

図7　肥えやすく連産性に問題のある牛

体積に富み均称がよいが，肩付きが悪く背線硬く弾力性がない

長寿連産の牛として美方郡産の「すけまつ号」がいた。「すけまつ号」は昭和三十四年四月十五日に生まれ、平成元年度に三二歳で天命を全うした。初産分娩は昭和三十六年四月十三日、最終分娩は昭和五十九年五月二十一日の二五年の間に、雄八頭雌一五頭、計二三頭を連続分娩している。晩年の三年間は発情徴候が不明瞭となり出産できなかったが、全国でもまれな牛ではないだろうか。この牛の体型上の特色も肩付きがよいことがあげられる。また、性質はやや気性が強く、娘ざかりのころは飼育者には温順であっても他の人には荒く、私自身も後躯の部位を測尺する際は、後肢でけられないように注意していてもけられた痛い記憶がある。

一方、肩付きのよい牛は泌乳量もよく子煩悩の傾向がある。哺乳中は子牛が哺乳しやすいように足を広げるような姿勢になり、また子牛の便をうながすため肛門付近をなめるしぐさをする。いわゆる子育ての上手な牛といえる。

また、こうした連産性の高い牛は比較的やせた牛が多く、飼料を多く与えても太らない傾向がある。逆に飼料給与量が少なくても太る、いわゆる水を飲んでも肥える体質の牛は連産性と泌乳性が劣り、肩付きが悪く、ロース芯面積が小さい傾向にある。

肩付きのよしあしには両親の体型による影響が大きいと思

われる。肩付きの悪い牛から肩付きのよい子牛が生まれたり、肩付きの悪い牛がその後の飼い方でよくなるといったことはほとんどないので、牛の見極めが大切である。

若牛のときに肩付きのよかった牛が、飼養管理により肩付きが悪くなることがある。しかし、その場合には遺伝的要因でないので、子牛に出現することはない。

3　和牛にとってよい飼料とは

(1)　野草育ちはひとあじちがう

和牛にとって最良の飼料は野草と考えている。私の偏見かもしれないが、野草で大きくなった子牛をみると活力があり、牛がのびのびとしている。育成していても病気も少なく、順調に育ってくれる。なにかひとあじちがう牛である。とくに子牛の育成には大きな影響力があると思う。牛を購入するなら「野草で育てた牛を」と先輩からよく聞かされたものである。

多頭飼育が可能となった大きな要因として、輸入粗飼料が安価で購入できるようになったことがあげられる。給与飼料は全量輸入飼料になっている農家が多くみられ、自給粗飼料生産は大幅に減少している。しかし、輸入粗飼料はそのときどきの生産量により価格変動が大きいことが不安要因である。また、単一飼料給与による障害もみられている。それに比べ野草は労力のわりに収量は少なく生産性は悪い。しかし、多種類の草がいちどに得られ、しかも牛がよろこんで食べてくれる。また、イナ作を行なううえで、畦畔の野草はどうしても刈り取らねばならないものであるから、そのアゼ草を粗飼料として上手に活用したいものだ。野草の集め方としては、無畜農家と話し合って野草を道路まで出してもらい安くわけてもらったり、堆肥と交換したりする方法もある。野草は発育促進に給与飼料の一割でも食べさせる努力が生産性向上につながる。

(2)　こんな粗飼料は牛を悪くする

牛にとって理想的な粗飼料は、多くの種類の草が入っている野草だと思う。しかし現状の多頭飼育農家では輸入粗飼料が中心になっているが、これからも野草が牛にとって最適な飼料であることに変わりはない。

　粗飼料生産で問題となるのは第一に栽培法である。耕起して種を播き、草が大きくなると硫安か尿素などチッソ肥料を施肥することが多くなってきた。そうした飼料作物を栽培している田畑の土壌検査をすると、カルシウムが少なく、チッソが多く含まれている。とくに糞尿を多量に施して栽培すると草に硝酸態チッソが多く含まれ、牛に多量に与えるとひどい場合は死亡したり、流死産したりすることがある。

　牛にとって草は、エネルギーやタンパク質、ビタミンなどの栄養源として重要である。同時に、胃の働きを正常にし、カルシウムの供給にとっても欠かせないものである。「よい土からよい草ができる」ことを念頭において栽培することが必要である。また、刈取りはすこし遅らせ、乾物量の多くなったものを収穫したほうがよいと思う。

　第二に飼料作物を栽培する場合、種類が単一になりやすいことである。一般的に、秋から春はイタリアンライグラス、夏はソルゴーかトウモロコシなどの禾本科の牧草が主

図8　野草は多種類の草がいちどに得られる

図9　飼料作物は種類が単一にならないように

表１　飼料作物と野草の乾物と無機物含量（%，生草）

	成分 無機物含量 （乾物中） 飼料名	乾物	カルシウム(Ca)	全リン(P)	マグネシウム(Mg)	カリウム(K)	ナトリウム(Na)	塩素(Cl)	イオウ(S)
飼料作物	オーチャードグラス								
	１番草・出穂期	19.5	0.53	0.62	0.40	3.38	0.14	—	—
	再生草・出穂前	19.5	0.42	0.32	0.21	3.12	0.10	—	—
	再生草・出穂期	21.1	0.33	0.30	0.28	4.10	—	—	—
	イタリアンライグラス								
	１番草・出穂前	16.3	0.52	0.69	0.23	4.91	0.24	—	—
	１番草・出穂期	15.3	0.54	0.36	0.23	3.41	0.42	1.27	0.40
	１番草・開花期	21.7	0.38	0.23	0.11	2.22	0.03	1.17	0.24
	再生草・開花期	21.3	0.51	0.41	0.26	3.13	0.24	—	—
野草	ススキ（出穂前）	26.4	0.23	0.10	0.15	0.96	0.09	—	—
	メヒシバ	16.4	0.31	0.36	—	—	—	0.37	—
	ネザサ	40.2	0.47	0.24	0.21	1.36	0.27	—	—
	シバ	33.1	0.26	0.10	0.08	1.38	0.03	—	—
	スゲ	32.2	0.38	0.22	0.16	1.91	0.17	—	—
	メドハギ	38.2	0.84	0.24	0.19	1.13	—	—	—
	ヤハズソウ	26.2	0.77	0.32	0.19	1.28	—	—	—
	アザミ	11.1	2.97	0.40	0.34	3.13	0.24	—	—
	ヨモギ	20.7	1.21	0.38	0.22	2.78	0.25	—	—
	オトギリソウ	22.2	0.87	0.43	0.26	1.68	0.16	—	—
	ヒメジオン	22.4	1.44	0.30	0.24	2.58	0.18	—	—
	ハシバミ	35.3	1.95	0.24	0.38	1.01	0.18	—	—

野草は乾物量が多くリンに比べカルシウム分が多い（日本標準飼料成分表より）

体である。そうなると牛は毎日同じものしか食べられず栄養に片寄りが生じることになり、ひいては繁殖成績に悪影響を及ぼすことが考えられる。

粗飼料が単一であれば、濃厚飼料は配合飼料を主体にして単味飼料を補給する必要がある。とくに濃厚飼料、粗飼料とも単一な場合は無機物などの補給に気をつける必要がある。栽培する種類を多くし、バランスのとれた草づくりを念頭におく。

第三にサイレージづくりである。労力面から冬期飼料を考えると、サイレージは粗飼料確保にとって重要である。しかし、サイレージづくりを安易に考えている人が多くみられる。とくに雨の多い和牛地帯では、理想的なサイレージづくりはしにくいといえる。サイレージはつくり方によってよい栄養源になるが害にもなる。品質の悪いサイレージを牛に与えると乳が出なくなったり、繁殖成績が悪くなったりする。周年サイレージ方式で飼育されている農家や乳牛飼育農家では、サイレージづくりに細心の注意と、多くの資金を投入している。とくに和牛の場合は、乳牛のように給与した飼料のよしあしを乳量や乳質などで、翌日または短期間のうちに判断することはできない。そのため、品質の悪い飼料を与えた場合、数カ月後になってはじめて病気や障害を発見することが多く、すでに慢性化していて治療に長期間を要することになる。このために給与飼料を変えたときは、採食量、糞尿、被毛、活力などをとくに念を入れて観察することが大切である。

(3) 輸入粗飼料について

飼料基盤の狭い地域での多頭飼育農家では輸入粗飼料の依存率は高く、自給率が皆無の農家も増加している。とくに単一の粗飼料を長期間給与すると、疾病の発生を招いたり、栄養のバランスが悪いために栄養状態がよくみえるのに被毛の艶が悪いなどの影響がみられる。また、粗飼料にはビタミンとしてβカロチンが含まれているが、図11に示すとおり品質により含有量が大きく異なる。このため、含有量の少ない粗飼料では、ビタミン不足を招き繁殖成績や泌乳能力に悪影響を及ぼしていると推察される。一方、子牛の粗飼料においてもこのような傾向がみられ、胃袋や体格の発達に悪影響がでている。したがって、良質な粗飼料を数種類混合して給与する必要がある。

図10　乾草中のβカロチンの量

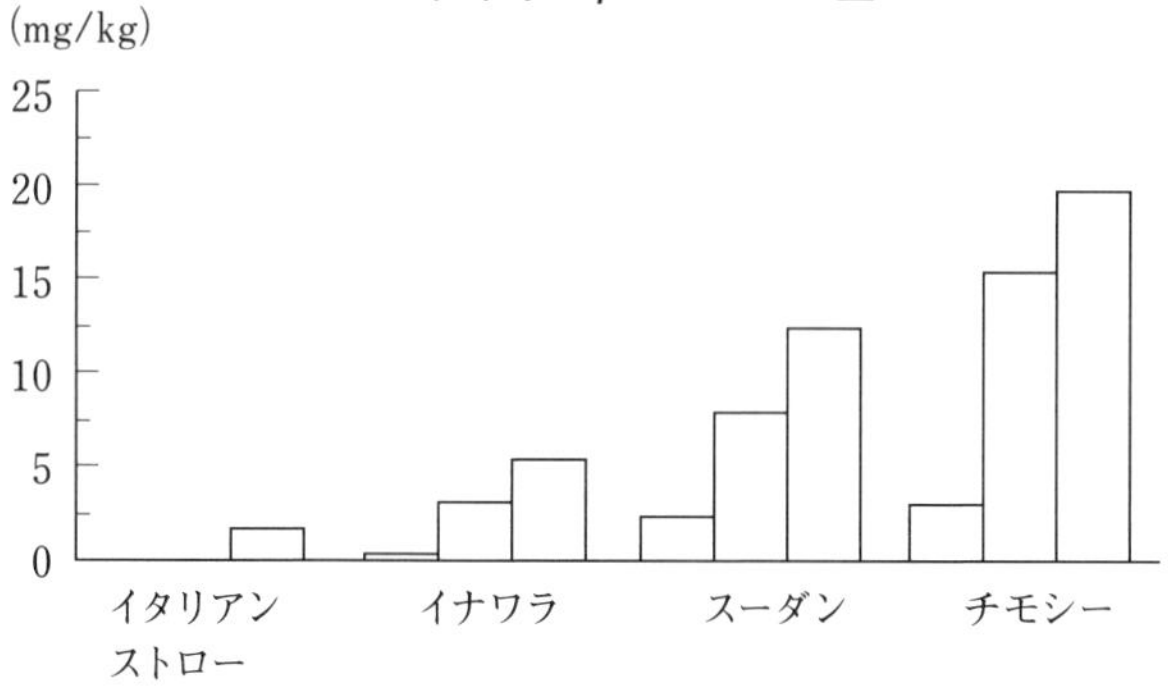

供試した飼料でもこれだけちがう

(4) 濃厚飼料は変えるな

濃厚飼料の給与量によって牛の太り方は大きく変わる。市販されている濃厚飼料は多種多様であり、栄養分も異なっている。また同じ栄養分の飼料でも、メーカーにより配合されている飼料の種類や量が異なっている。長い間

Aという濃厚飼料を使っていると、給与量によって牛の太り方がだいたいわかるものである。ところが同じ栄養分でBという濃厚飼料に変えた場合に給与量が同じでも牛の太り方がちがってくる。したがって濃厚飼料をひんぱんに変えると、給与量の目安がわからなくなり、ひいては繁殖成績や子牛の発育に悪い影響がでてくる結果となる。多頭飼育農家で毎年安定した経営をしている人は、いつも同じ濃厚飼料を使用している。使い慣れた濃厚飼料を変える場合は、何年もかけて、牛歩のごとく行なうことが必要である。

また、濃厚飼料を一、二年変えないで与えていると年間の牛の状態が同じようなパターンで推移するので、どの時期にカルシウムやタンパク質などが不足するかといったこともわかってくる。それによって分娩前にすこしカルシウムを補給したほうがよいといった対策がたてやすくなる。

さらに、同じ栄養分の濃厚飼料でも配合割合が変わらないものは、より安定した成績が得られるので、少し値段が高くついてもそうしたものを選ぶほうが経営の安定につながると思う。多頭飼育農家などで手間があれば単味を配合することもよい方法である。

とくに子牛は短期勝負で、初期に下痢や病気にかかると、その発育の遅れをとりもどすことは非常にむずかしくなる。濃厚飼料については充分気をつけて、良質で配合割合の変わらないものを選ぶことが重要である。

(5) 微量要素が不足していないか

牛にとって多くは必要ないものであるが、健康を保つためには鉄、コバルト、マンガンなどの微量要素は欠かせない。これらが不足すると食欲が減退し、繁殖成績にも悪影響がでる。牛が太っているにもかかわらず被毛に光沢がなく、牛舎で糞の付いている板などをなめたりするのは微量要素が不足しはじめている徴候である。

現在では微量要素を補給するために種々の飼料が市販されているが、不足しなければ給与しても牛の状態は変わらないため、つい給与量を減らしたり、中止しがちである。昔は田を耕起しているときや放牧場などで牛が土を食べているのをよく見かけた。これは微量要素を補給していたのである。しかし現在では牛床はコンクリートで、運動場は汚れているため土は食べられない。したがって、牛は微量要素が不足していることが多いようだ。母牛だけでなく子牛にもこのような現象がみられる。

微量要素の補給にお金もかからず多量に給与できる赤土（肥沃土は不可）を、常時食べられるようにしておけば充分である。ただし、赤土は湿っている状態でないと食べないので注意が必要である。

図 11　赤土で微量要素を補給する

子牛室の右上の槽に赤土が入れてあり，いつでも食べられるようになっている

図 12　放牧場で土を食べている子牛

第2章

牛の見方とつくり方

1 相牛で牛の将来性を見ぬく

(1) 相牛とは

牛を見る方法には二通りの見方がある。一つは全国和牛登録協会が定めている審査標準によってみる（審査）方法である。審査標準は、時代の要求によって変わってきた。最近では、全国和牛能力共進会の後に改正されている（表2）。審査標準は現状の審査で二人以上の協議で点数を決定するので、誰でも比較的短期間で修得できる。登録審査や共進会などもこの方法によって行なわれている。

もう一つの見方は相牛《そうぎゅう》（見込み審査）による方法である。この見方は現状をみて、将来の姿や能力を予想する見方である。したがって、人それぞれによって見方が異なるので、あるていどの年数と経験が必要となってくる。

(2) 相牛眼はこうして養う

相牛眼を養うには、最上の牛の姿や両親の体型や能力をよく記憶しておくことである。特徴検査、共進会、家畜市場など機会を利用して多くの牛について観察し、かつ、経時的に見極め、さらにその牛が、将来どのような能力を発揮するかまで見定めることが必要となってくる。

相牛は子牛が対象である。牛の一生のなかでも発育が最も盛んな時期にあたる。したがって生時より三カ月齢、六カ月齢、九カ月齢と数回観察をして、発育、体型、毛色や質などが、月齢がすすむにつれてよくなっているかを見極めなければならない。

また、相牛にあたっては連産性、資質、増体といった経済形質の何をポイントに見るのかを明確にしなければならない。優れた相牛眼を持つことは繁殖、肥育経営いずれにおいても、さらに育種事業をすすめるにあたっても、素牛の選定上、最も重要なことである。

相牛眼の優れた人の多くは牛好きで熱心であり、長い間その地域の改良に貢献されている。しかしこちらからたずねないとなかなか教えてもらえない。私は幸いなことに、相牛眼の優れた多くの先輩から子牛の見方の要点を教わることができた。しかし、なかなかむずかしくまだまだ未熟で、今でもひまをみつけて気になる牛はみに行っている。教えられたなかで私がとくに心が

表2　黒毛和種審査標準の配点の変せん（　）は雄，年号は昭和

<table>
<tr><th colspan="3" rowspan="2">区
分</th><th rowspan="2">但馬種
昭和
7.9.1</th><th rowspan="2">帝国畜産会 17
中央畜産会 15</th><th colspan="8">全国和牛登録協会</th></tr>
<tr><th>23.3.3
25.10.29</th><th>32.
2.25</th><th>37.
2.6</th><th>43.
2.13</th><th>47.
2.9</th><th>54.
4.1</th><th>58.
7.31</th><th>59.
4.1</th></tr>
<tr><td colspan="3">体積・均称</td><td rowspan="2">14(16)</td><td>7</td><td>7</td><td>7</td><td>10</td><td>15</td><td>20</td><td>20</td><td>20</td><td>20</td></tr>
<tr><td rowspan="2">資質・品位</td><td colspan="2">品位・性質</td><td>8</td><td>8</td><td>7</td><td>8(9)</td><td>7(8)</td><td rowspan="2">16(17)</td><td rowspan="2">17(18)</td><td rowspan="2">16(17)</td><td rowspan="2">17(18)</td></tr>
<tr><td colspan="2">被毛・皮膚</td><td>8</td><td>7</td><td>6</td><td>6</td><td>7</td><td>6</td></tr>
<tr><td rowspan="7">頭・頸</td><td colspan="2">顔</td><td>3(5)</td><td rowspan="2">4(5)</td><td rowspan="3">5(6)</td><td rowspan="3">5(6)</td><td rowspan="7">8(9)</td><td rowspan="7">5</td><td rowspan="7">5</td><td rowspan="7">5</td><td rowspan="7">5(6)</td><td rowspan="7">5(6)</td></tr>
<tr><td colspan="2">眼</td><td>1</td></tr>
<tr><td colspan="2">鼻・口</td><td>2</td><td>3</td></tr>
<tr><td colspan="2">項</td><td>1</td><td rowspan="3">3(4)</td><td rowspan="3">3(4)</td><td rowspan="3">3(4)</td></tr>
<tr><td colspan="2">耳</td><td>1</td></tr>
<tr><td colspan="2">角</td><td>2</td></tr>
<tr><td colspan="2">頸</td><td>4</td><td>3</td><td>3(4)</td><td>3(4)</td></tr>
<tr><td rowspan="2">前躯</td><td colspan="2">肩</td><td>5</td><td>6</td><td>6</td><td>5</td><td>5</td><td rowspan="2">10</td><td rowspan="2">10</td><td rowspan="2">10</td><td rowspan="2">10</td><td rowspan="2">10</td></tr>
<tr><td colspan="2">胸</td><td>5</td><td>6</td><td>5</td><td>5</td><td>6</td></tr>
<tr><td rowspan="3">中躯</td><td colspan="2">背　腰</td><td>6(7)</td><td>6</td><td>6</td><td>7</td><td>8</td><td>9</td><td rowspan="3">15</td><td rowspan="3">14</td><td rowspan="3">15</td><td rowspan="3">14</td></tr>
<tr><td colspan="2">肋　腹</td><td>7(6)</td><td>6</td><td>6</td><td>6</td><td>7</td><td>6</td></tr>
<tr><td colspan="2">十字部腰角</td><td>3(2)</td><td>4</td><td>4</td><td>4</td><td>5</td><td></td></tr>
<tr><td rowspan="5">後躯</td><td colspan="2">尻</td><td>4</td><td>5</td><td>5</td><td>5</td><td rowspan="2">10</td><td rowspan="4">20</td><td rowspan="4">10</td><td rowspan="4">10</td><td rowspan="4">10</td><td rowspan="4">10</td></tr>
<tr><td colspan="2">臗《かん》</td><td>5(4)</td><td>5</td><td>5</td><td>5</td></tr>
<tr><td colspan="2">臀</td><td>4</td><td>4</td><td>4</td><td>4</td><td rowspan="2">4</td></tr>
<tr><td colspan="2">尾</td><td>2</td><td>2</td><td>2</td><td>2</td></tr>
<tr><td colspan="2">腿</td><td>4</td><td>4</td><td>4</td><td>6</td><td>8</td><td>9</td><td>10</td><td>10</td><td>10</td><td>10</td></tr>
<tr><td colspan="3">乳徴・性器</td><td>6(4)</td><td>5(3)</td><td>8(5)</td><td>8(5)</td><td>7(4)</td><td>8(4)</td><td>8(4)</td><td>8(4)</td><td>8(4)</td><td>8(4)</td></tr>
<tr><td colspan="3">肢　蹄</td><td>8</td><td>7</td><td>7</td><td>7</td><td rowspan="2">7(8)</td><td rowspan="2">5(7)</td><td rowspan="2">6(8)</td><td rowspan="2">6(8)</td><td rowspan="2">6(8)</td><td rowspan="2">6(8)</td></tr>
<tr><td colspan="3">歩　様</td><td>5</td><td>5</td><td>6</td><td>5</td></tr>
<tr><td colspan="3">満　点</td><td>100</td><td>100</td><td>100</td><td>100</td><td>100</td><td>100</td><td>100</td><td>100</td><td>100</td><td>100</td></tr>
<tr><td rowspan="4">雌35カ月齢・雄40カ月齢</td><td rowspan="2">体高</td><td>雌</td><td>125</td><td>125</td><td>125</td><td>125</td><td>125</td><td>125</td><td>128</td><td>128</td><td>128</td><td>129</td></tr>
<tr><td>雄</td><td>137</td><td>135</td><td>136</td><td>137</td><td>137</td><td>138</td><td>142</td><td>142</td><td>142</td><td>145</td></tr>
<tr><td rowspan="2">体重</td><td>雌</td><td>—</td><td>400</td><td>420</td><td>420</td><td>430</td><td>520</td><td>560</td><td>560</td><td>560</td><td>540</td></tr>
<tr><td>雄</td><td>—</td><td>600</td><td>650</td><td>700</td><td>730</td><td>900</td><td>940</td><td>940</td><td>940</td><td>960</td></tr>
</table>

けている点について述べてみたい。

(3) 相牛の秘訣

顔品のよいこと

顔（頭部）は、その牛の体型、品位、性格、血統まで表現している。口は広く深く、額が広く、鼻梁が短く豊かなものは体積があり、飼料の利用性に富む。眼は眼瞼が厚いものは性格が荒い。品位、資質が優れているものは、角は質緻密で細く丸く、色は黒く水青色で艶がある（角の色は、色の変化が少ない角の根元で見ることが大切だ）。耳は小さく、鉢じまりがよい。顔の長さ、眼の大きさなどで血統が想像できる。

図 13　各部の名称

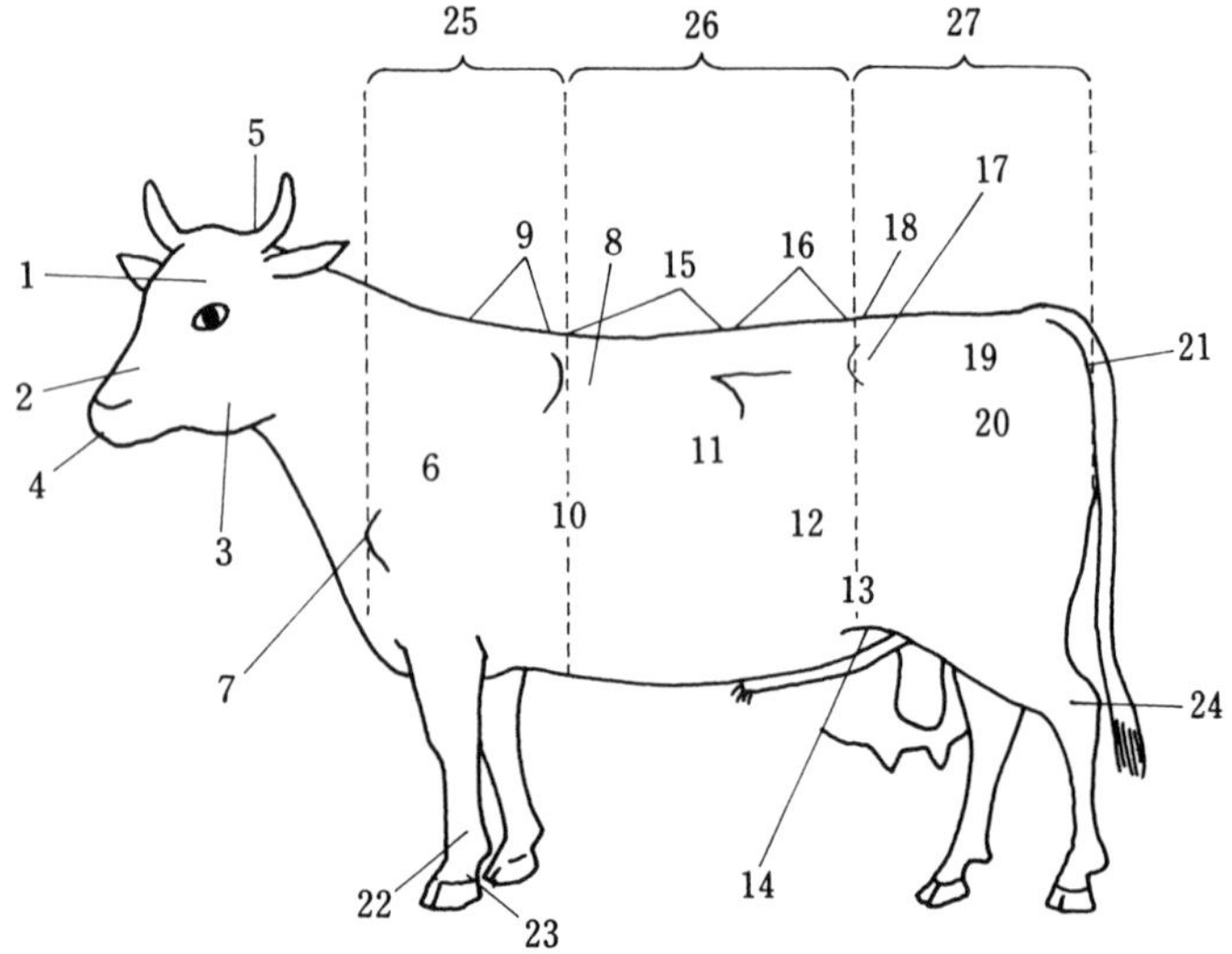

1：額　2：鼻梁　3：顎　4：鼻鏡　5：項（うなじ）　6：肩　7：肩端　8：肩後　9：きこう　10：胸　11：肋　12：腹　13：下膁部　14：膝襞（にぎりと俗称）　15：背　16：腰　17：腰角　18：十字部　19：尻（しりまたはきゅう）　20：臗（かん）　21：坐骨端　22：管　23：つなぎ　24：飛節　25：前駆　26：中駆　27：後駆

図 14　鉢じまりのよしあし

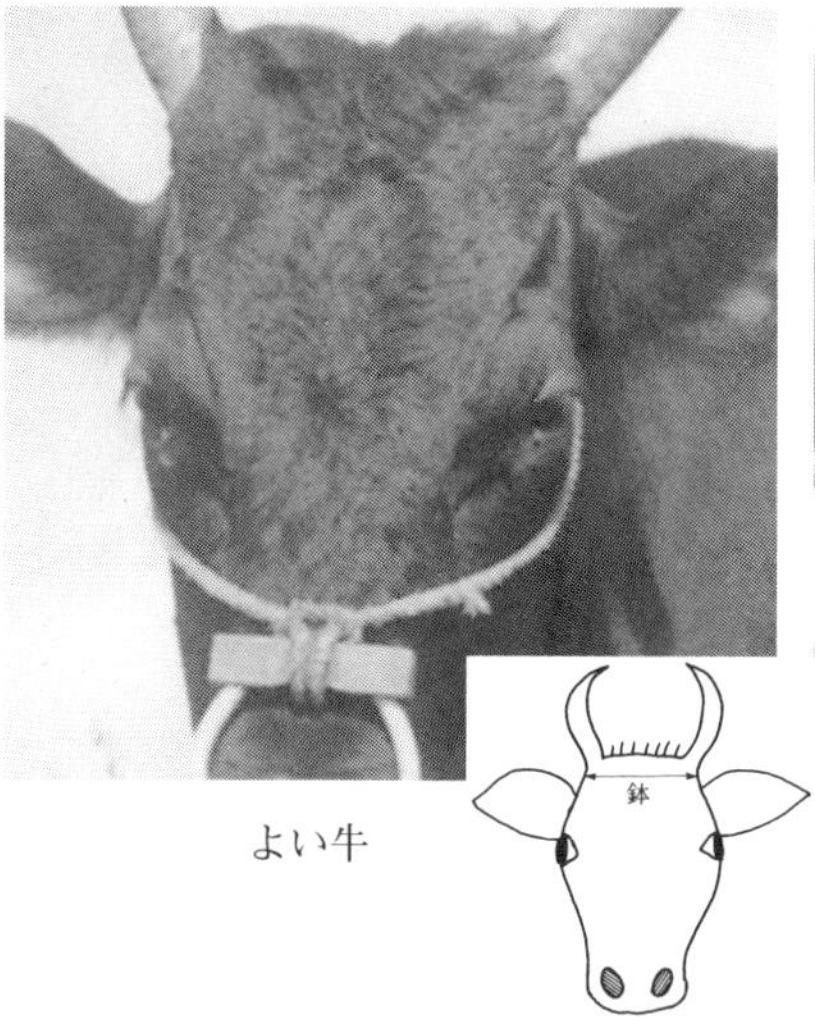

よい牛

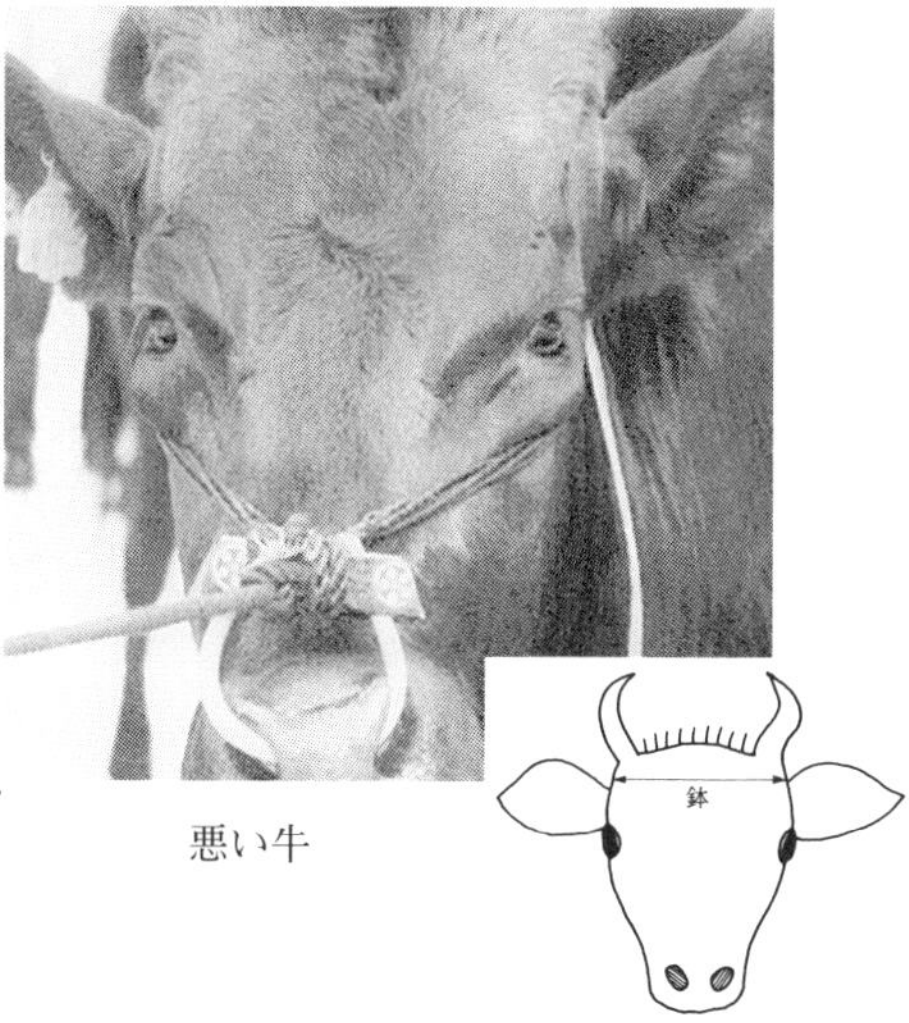

悪い牛

図 15　優れた皮膚・被毛（夏）

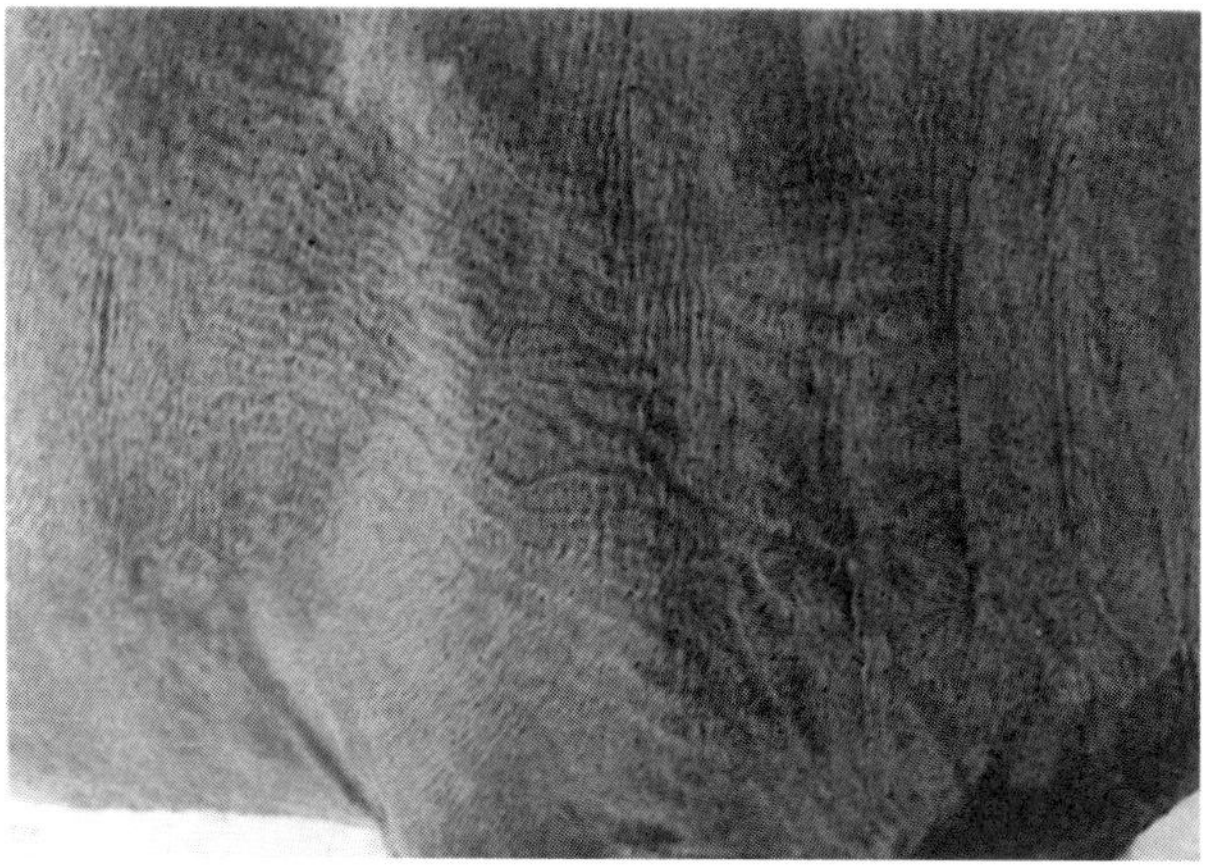

被毛にウェーブがかかり柔らかく密生している
皮膚もうすくゆとりがみられる

皮膚・被毛（資質）

皮膚は頸部、李肋骨（最後肋骨）部を触って、ゆとり、厚さをみる。よい皮膚はうすく、柔軟でゆとりがあり、弾力性に富む。また、子牛は厚く感じ、経産牛（年齢が増すと）はうすくなる。産子の肉質のよい枝肉はよい皮膚をしている。また、牛の左右によって厚さが異なるので同じ側で判定する必要がある。

被毛も皮膚と同じ部位を触ってみる。被毛は四季、管理（日光浴をすると毛色が変わる）、健康状態によって大きく異なる。触れてみて柔らかく密生し、光沢があるものがよい（被毛の色が管理によって大きく変わらない部位は胸、内腿である）。

皮膚、被毛は必ず触ってみて確かめること、他の牛と比べてみるとさらによくわかるものである。

肩付きのよいもの

肩を上、下、左右なでても肩甲骨にひっかからないもの、歩くと肩が大きくゆれないものがよく、肩甲骨が後にねていると肩端が突出し肩後の充実に欠くものが多い。肩付きのよい牛は比較的体積に乏しい傾向にあるが、前述のとおり連産性がよく、泌乳量も多く、ロース芯面積も大きい。

図 16　飛節の見方

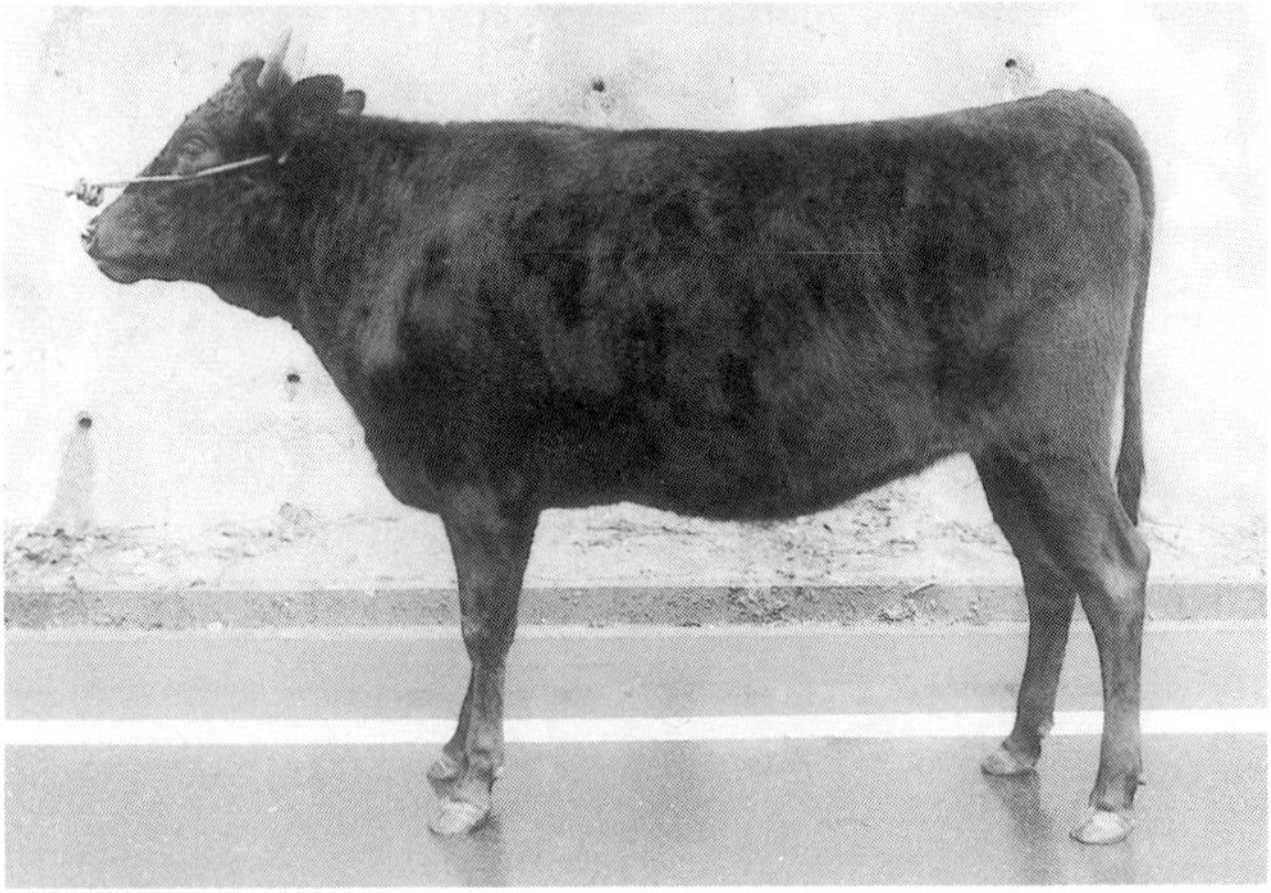

よい飛節（鮮明でしまりがよい）

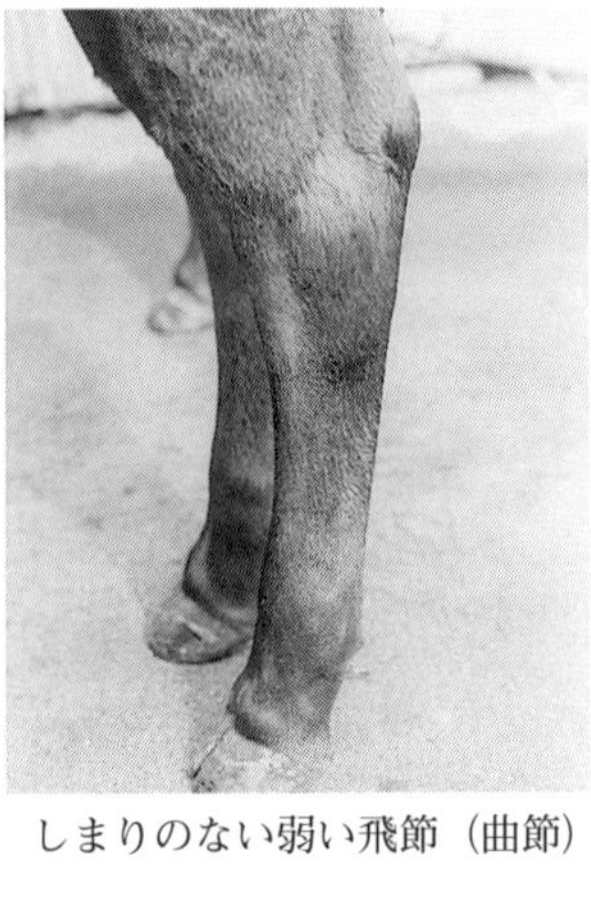

しまりのない弱い飛節（曲節）

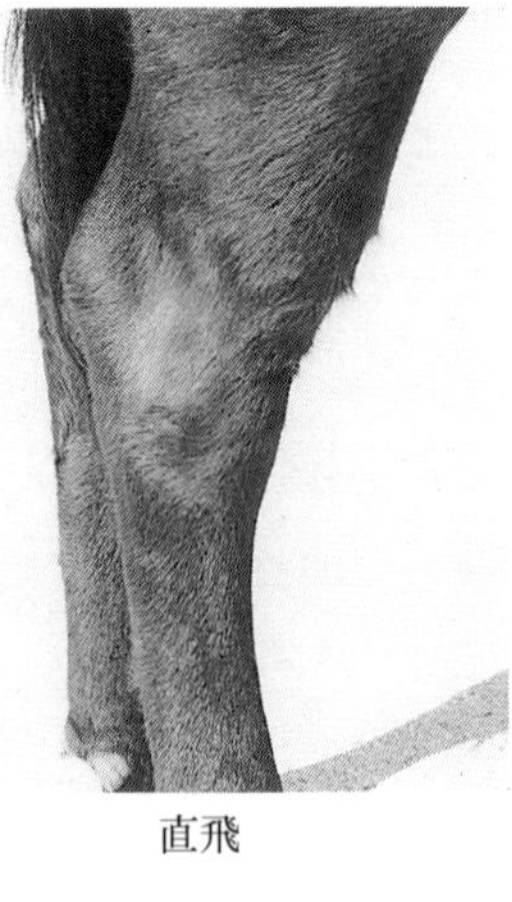

直飛

背線が平直で弾力性があるもの

背線は平直でなければならない。しかし、腰が樫の木のような強さでなく、柳の木のような弾力性があって、しかも強さを感じさせるものがよい。このような牛は産子を重ねるごとに腰が下がってきて後躯が上がり弓なりの状態になる。また、肩付きもよく連産する傾向にある。

飛節の状態のよいもの

飛節は輪かく鮮明で、やや曲飛でしまりがよく、力強く感じるものがよい（図16）。後望では幅がうすく、骨じまりがよく、後肢が正しく立っているものがよい。飛節が高く、つなぎの長いものは将来大きくなる見込みがある。また飛節のよいものは品位、資質がよい。

多頭化に伴い運動不足により飛節の弱い牛が多数みられるようになったが、肥育牛では増体性が悪くなると考えられる。また、飛節の上に旋毛がある牛（サルスジと呼ばれている）は後肢が弱い。両方または片方にもみられ（図18）、あるほうの肢は弱くなり後躯の形状が悪くなる。

以上の五点が優れていて、しかも血統、発育、産地などがよいものを選定する。また、子牛時代に体型が整っている牛は将来期待できず、やや長脚ぎみで子牛らしさのある牛のほうが将来性がある。

図17　左肢にサルスジのある牛

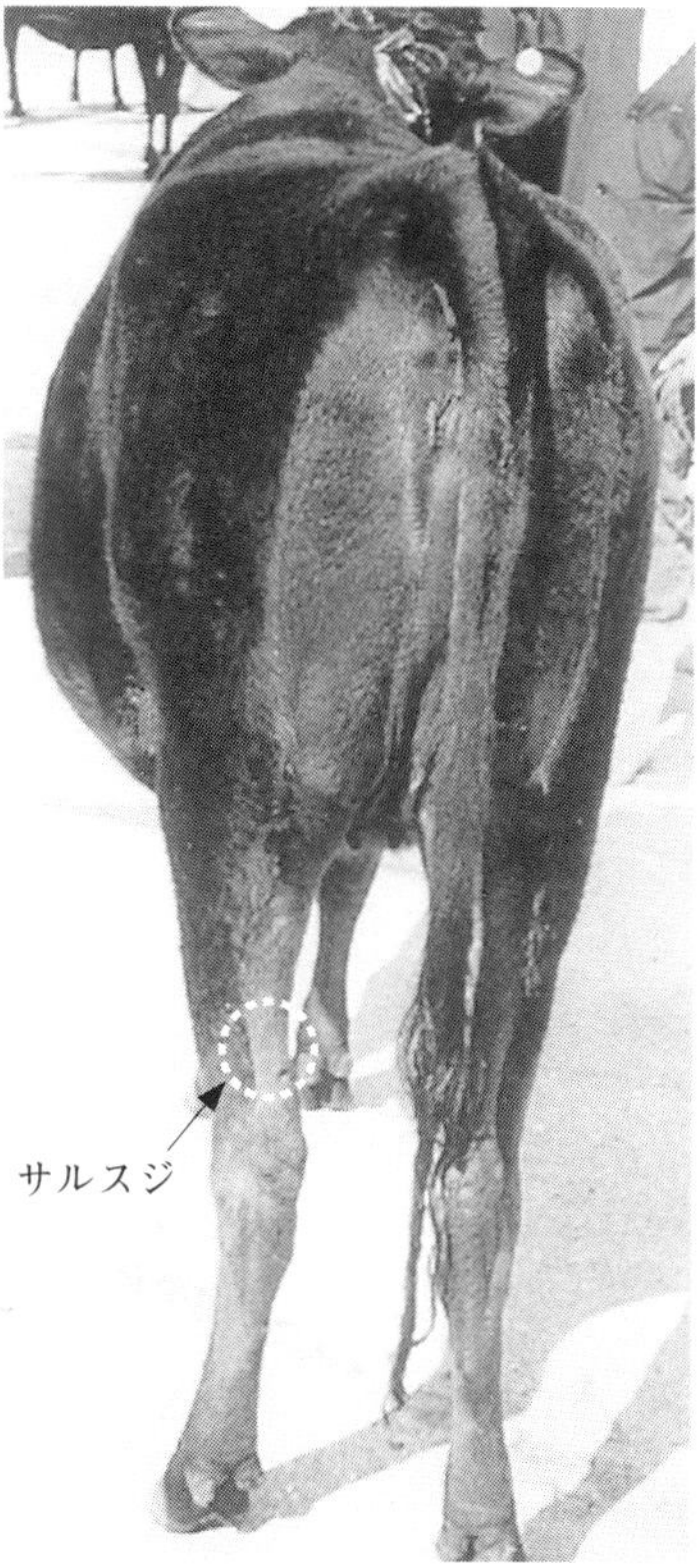

肢には力がない。尾枕が強い右肢が大きくなる

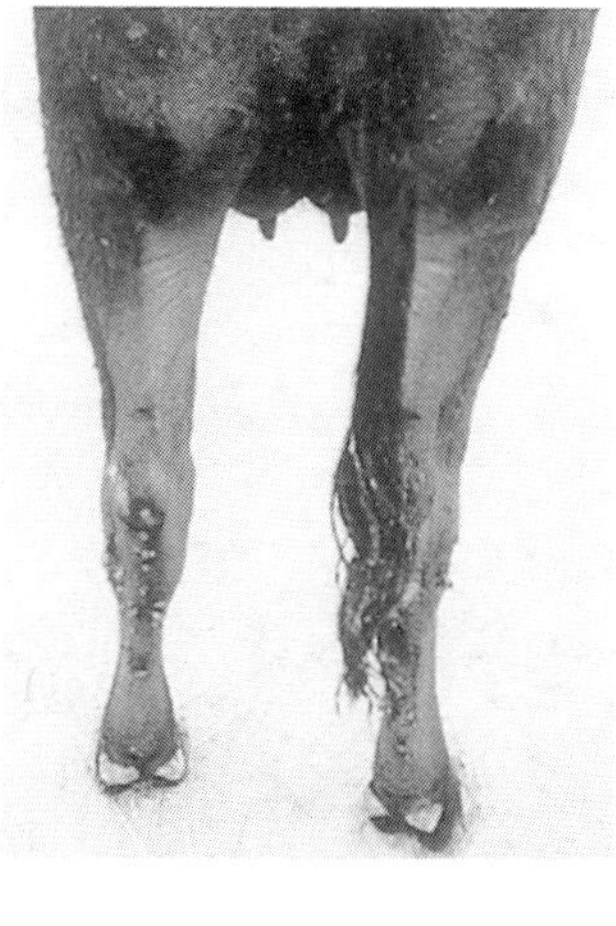

図18　両方にサルスジがあり肢が弱い

(4) 写真で見る相牛の実際

顔と頸

図19　若雌牛のよい顔，頸はやや厚い

図20　母牛のよい顔と頸，やさしい温順な目をしており，皮はうすくゆとりがある

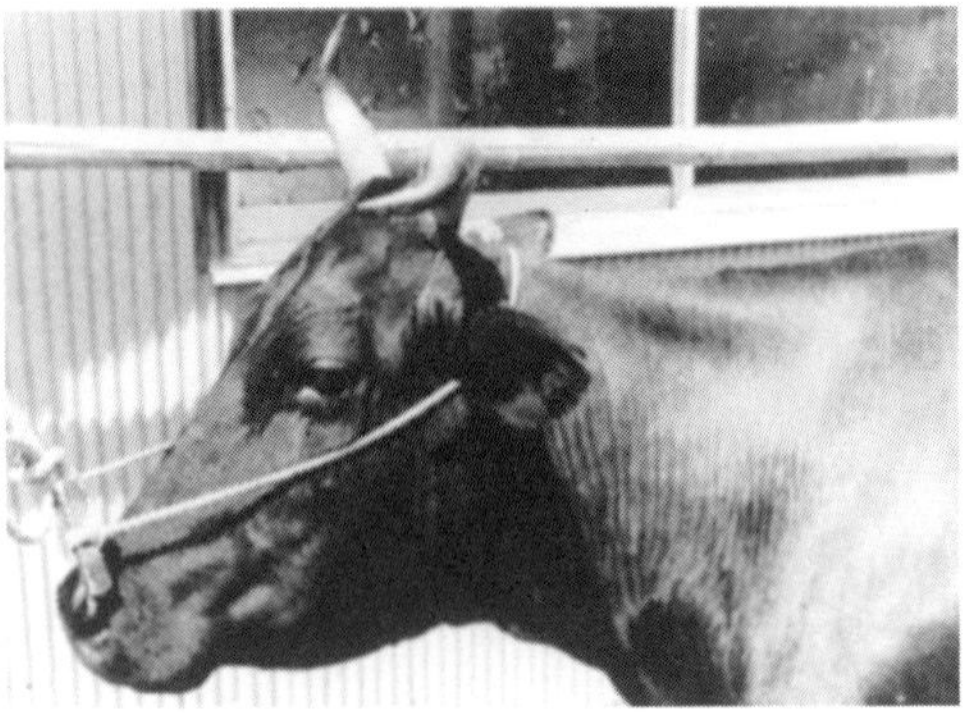

図21　壮齢の雄牛のよい顔，性相もよく現わし，気品に富む

図22－2　肩付きの悪い子牛（6～7カ月齢）

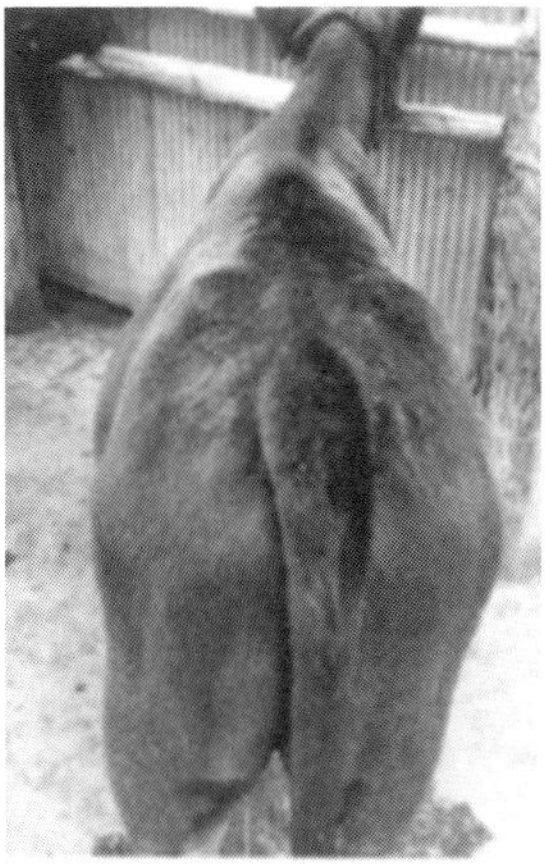

肩の後ろが落ちており，動くと肩が大きくゆれそうである

図22－1　肩付きのよい子牛（6～7カ月齢）

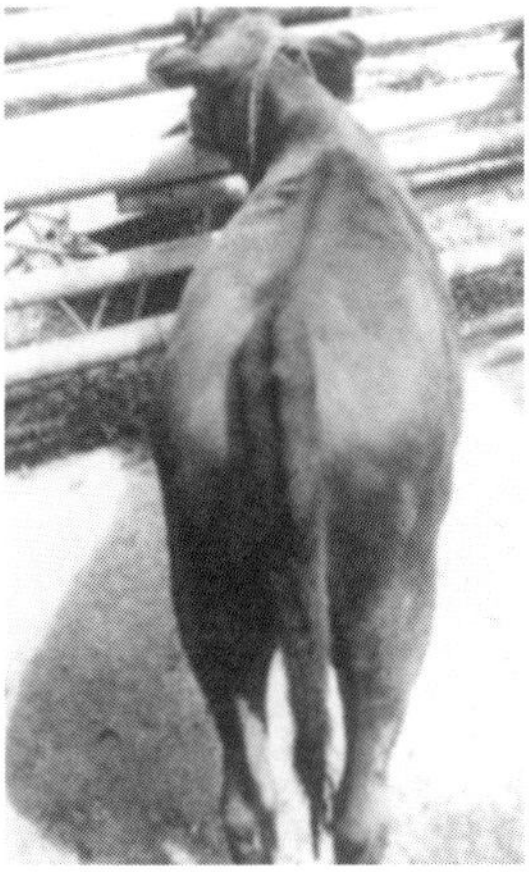

肩が突出しておらず頸，前駆，中駆の移行がよい

図 23　肩付き，骨味，しまりのよい母牛（20 歳当時）

図24　背線のよい育成牛（20カ月齢）

平直であるが弾力性が感じられる（柳腰といわれている）

図25　肢蹄のよい母牛

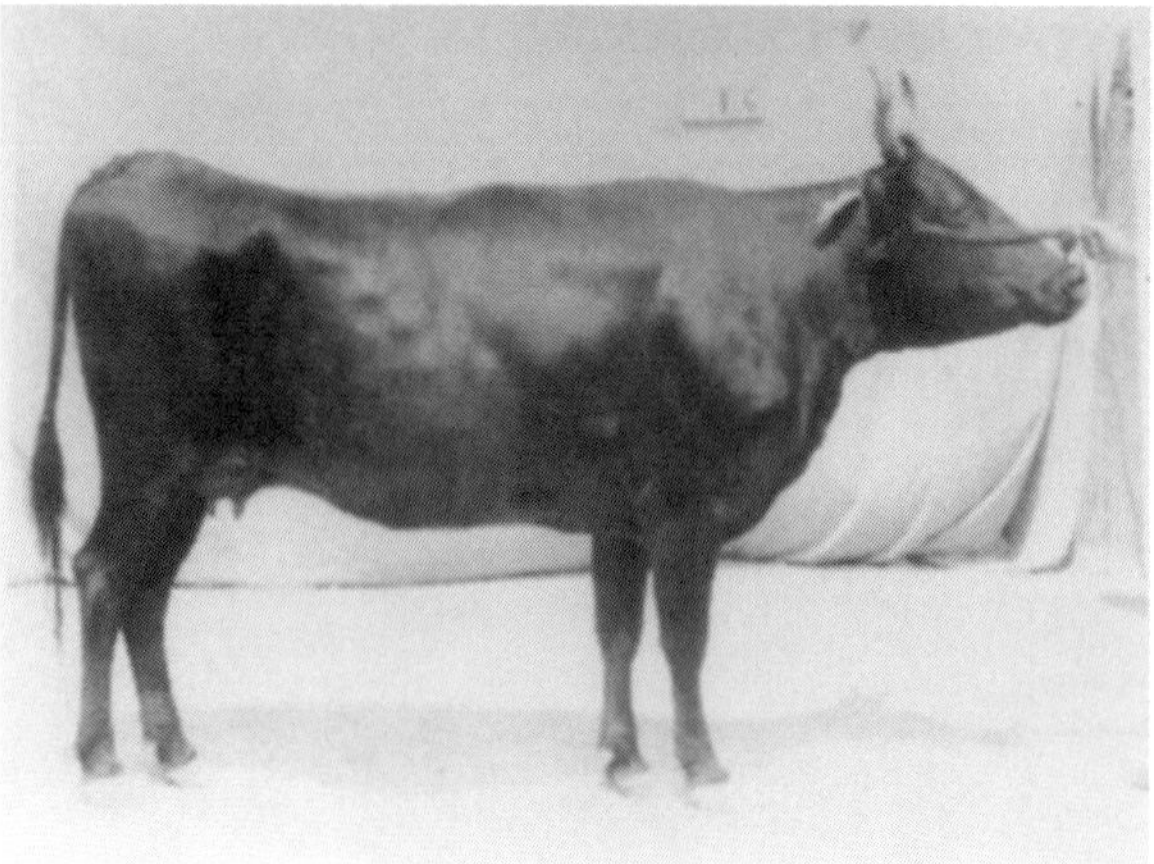

骨じまりがよく，飛節は輪かく鮮明でしまりよく力強く感じる

均称の整った将来性のある子牛（九カ月齢前後）

図 26 − 1　すなおに大きくなった子牛, 資質, 肢蹄もよい,「さびれた牛」ともいう

図 26 − 2　十字部も高く，標準ぐらいの体高も望める姿, 飛節のしまりにやや欠ける

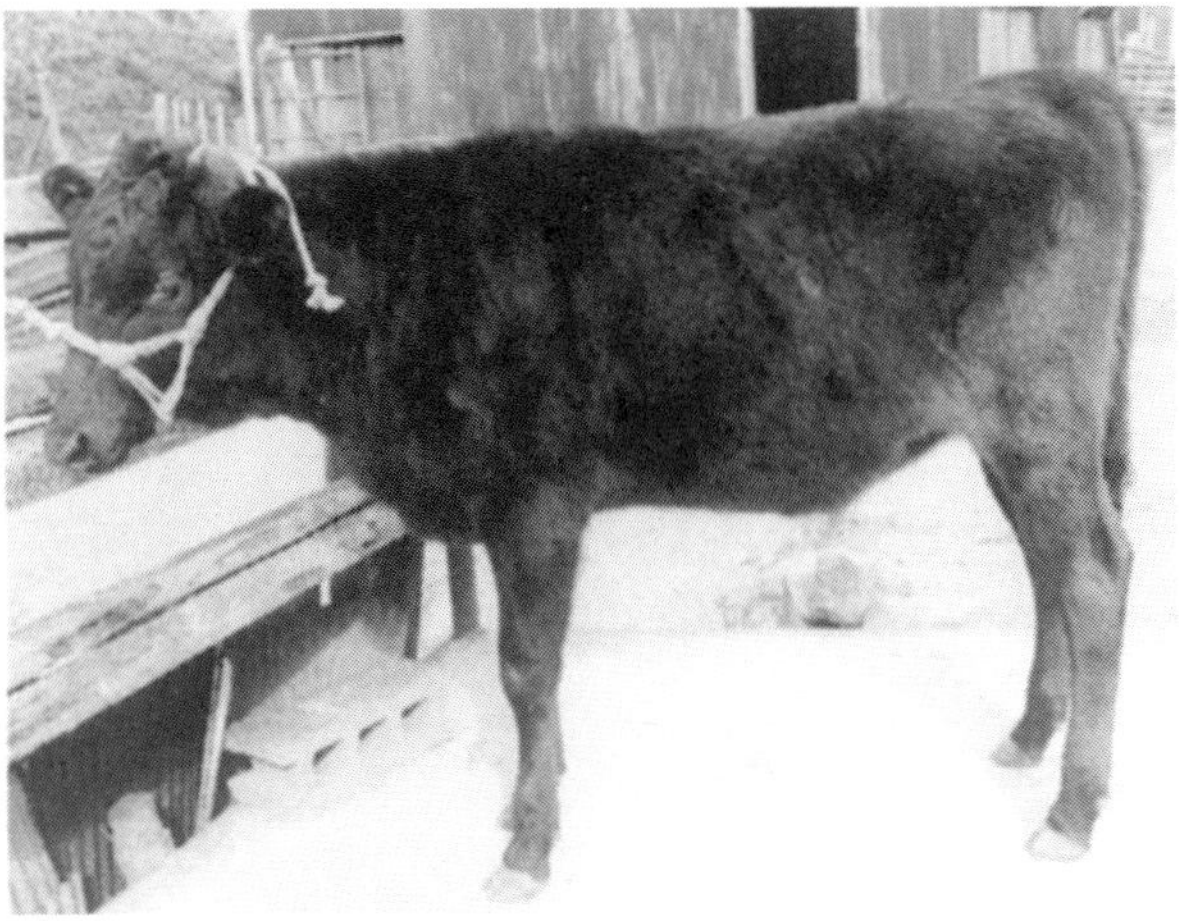

図 27　蹄型，顔の型はよいが，目の小さいのが欠点

図 28　体のしまり，伸びともによいが，腹容がややや不足ぎみである

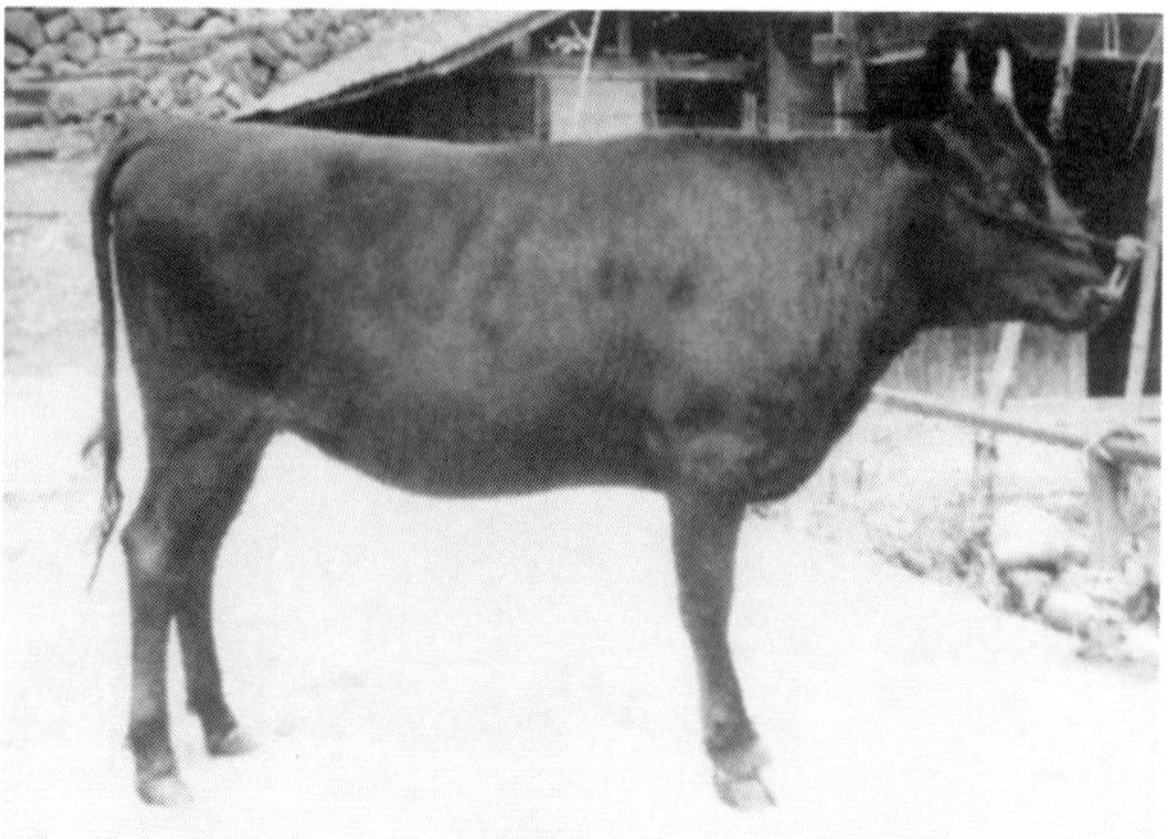

図29　体のしまり，骨じまり，骨味に優れ，肩後充実，肩端やや突出しているが，年齢を感じさせない整った体型をしている（19歳）

図30　肩付きゆるく，肩端突出，腰角突出で，骨じまりがよくない，顔の型はよいが，品性を欠く「荒めな牛」

2　優良系統牛づくりの基本

(1) 地域と経営に合った特色ある牛づくりを

よい牛をつくるには地域のなかに、その地域に合った儲けてくれる牛が多くいること、つまりその地域の環境や飼い方が、牛の繁殖に適していることが必要である。

とくに個々の農家で粗飼料の確保量、牛舎の面積や環境などが異なるので、自分の経営に合った牛のサイズも考えなければならない。例えば、粗飼料基盤の少ない経営だと、小型のサイズの牛を揃えたほうが、飼料の量が少なくてすみ、経営の安定につながる場合もある。つまり、大切なことは、牛がその家や地域の飼い方や環境に満足しているかどうかにかかっている。

次に、地域に特色ある牛がいることが不可欠である。古くから和牛の主産地である中国地方には、農耕や運搬など人と牛との長いかかわりあいのなかで、体型、血統などの異なった特色ある牛が数多く育種改良されてきている。和牛が肉用目的のみになってからは、頭数が減少すると増体のよい牛が、増加すると肉質のよい牛が求められるなど、時代の要求により牛の評価も変化してきたが、特色をもった牛は、今なお高い価格で取引されている。現在においても地域の風土に合ったひとあじ違った、特色のある価値の高い牛（ブランド牛）をつくることが必要だと思う。こうした特色ある強い遺伝力をそなえた系統牛は、農家と指導者の連携によって、長い年月をかけてひとつの特色ある経済形質の固定化を図ることにより作出することが可能になる。また、牛肉の自由化にみられるように、国際情勢は目まぐるしく変化している。今後ますます産肉能力の優れた牛が要求されるであろう。こうした状況に対処できる牛づくりも考えていかなければならないといえる。

(2) 枝肉成績は四、五歳にならないとわからない

産肉性の高い牛をつくるためには、能力の高い種雄牛の選択や自家保留する雌牛の判別が重要である。しかし、種雄牛を選択する基準となる全国和牛登録協会の産肉能力検定（現場後代検定）の結果がでるのは、その種雄牛が

五、六歳になってからである。また雌牛についても、初産（二歳）の産子が肥育を終了し、枝肉成績がわかってから、よい牛と認められたときには母牛はすでに五歳前後となっている。

　初産の子牛を肥育した場合でこの年齢なので、多くの母牛の産肉能力がわかるのはもっと年齢がすすんでからで、成績が判明したころには七割くらいの雌牛（母牛）はすでに廃用にされている。このように産肉能力が判明するには長い時間がかかるので、外観上からも産肉能力の判断ができるように、たえず牛を見る眼を養わなければならない。

(3) 産肉能力は枝肉成績と外観で判断

初産の去勢子牛は母牛の産肉能力判定に

　今後の肉用牛経営には、産肉能力のよい系統牛づくりがいっそう重要になってくるであろう。しかし飼育している牛がどのような産肉能力をもっているかを外観上で判定するには多くの経験が必要で、前述のように初産の子牛が肥育されて母牛の産肉成績が判明するまでには非常に長い期間がかかる。

　そこで母牛の産肉能力を少しでも早く確実に判定できるように、初産の去勢子牛は県内の肥育農家に販売し、出荷時には枝肉市場にでかけ、枝肉成績を調査するように心がけることが系統牛づくりの第一歩と考えられる。

　その場合おろそかにできないことは、肉質を自分の眼で確かめることである。とくに脂肪交雑の判定は、現在の規格では表3のように三まではプラスマイナスがあり細分化されているが、三以上は四、五と大きな幅となり、四と判定されても四

表3　B.M.S., 脂肪交雑評価基準および等級区分の関係

<table>
<tr><td colspan="2">B.M.S. No.</td><td>No.1</td><td>No.2</td><td>No.3</td><td>No.4</td><td>No.5</td><td>No.6</td><td>No.7</td><td>No.8</td><td>No.9</td><td>No.10</td><td>No.11</td><td>No.12</td></tr>
<tr><td colspan="2">脂肪交雑基準</td><td>0</td><td>0^+</td><td>1^-</td><td>1</td><td>1^+</td><td>2^-</td><td>2</td><td>2^+</td><td>3^-</td><td>3</td><td>4</td><td>5</td></tr>
<tr><td rowspan="2">等級区分</td><td>新規格</td><td>1</td><td>2</td><td colspan="2">3</td><td colspan="3">4</td><td colspan="5">5</td></tr>
<tr><td>旧規格</td><td colspan="3">並</td><td colspan="3">中</td><td colspan="3">上</td><td>極上</td><td colspan="2">特選</td></tr>
</table>

と五の中間のものもあれば、五に近い四もある。また、サシの状態（小サシか荒サシ）も重要である。産肉能力として今後とも重要なロース芯面積の形状など、他人の話だけでは判断できないことばかりである。

また、家畜市場で子牛を県外や遠くの肥育農家にひきわたすときには住所、氏名を聞き、年賀状を出すなどして連絡を密にし、肥育農家と連携することが大切である。

さらに、母牛だけでなく母牛の兄弟姉妹も調査対象とし、幅広い産肉情報を集めたい。

産肉能力は体型で判定できるか？

それでは、体型と産肉能力の間には関連性があるだろうか。体型測定値と産肉形質（枝肉重量や肉質など）との関連性について、但馬牛の理想肥育去勢牛の体型測定を枝肉市場出荷直前に行ない、体型が産肉能力の指標として有効に利用できるか否かについて調査した。その結果、枝肉重量がある牛の体型は、管囲が比較的細く、胸囲が大きく、かつ後躯幅とくに坐骨幅があり、体深があるものがよいと推察された。一方、肉質がよい牛の体型は、体高が低く（低身）、体長が短く、体の深み（体深）がないもので、かつ後躯幅がややさびしいものが望ましいと推察された。

このことは枝肉重量と肉質との関連が相反しており、とくに肉質がよいと考えられる体型は、現在目標とされている肉用牛の理想タイプとは異なっていた。こうした点は、今後さらに検討しなければならないだろう。

私は牛を一見して、体型がよく非のうちどころがない牛より、体型にはやや難がみられるが、見ていてあきのこない牛がよい牛と思っている。

育種価を利用した優良牛の造成

枝肉成績から産肉能力に関する育種価評価値が算出され、それが子牛登記書、登録書に記載されている。また、種雄牛および繁殖牛の育種価から子牛の期待育種価が算出されるなど、和牛改良は、これらにより優良牛を求めることができ、産肉能力に優れた優良牛が全国各地で数多く造成され、改良は飛躍的にすすんでいる。しかしながら、育種価は評価値であり必ずしも期待どおりにはならないことがあることを承知しておかねばならない。産肉能力の優れた和牛は体型上どのような特徴があるかを習得して、育種価と併用して優良牛を造成する必要がある。近年、種牛能力に関する育種価評価がなされつつあるが、外貌との関係では品位、肩付き、体上線、頭頸などと繁殖能力とに、肢蹄の強さは枝肉重量に関係があるとされている。

牛肉の美味しさが重要視されている

枝肉価格は脂肪交雑が重要視されているが、「脂肪交雑の割には美味しくない」「同じ格付けなのに美味しさが違う」などの問題が生じている。美味しい牛肉の指針として脂肪酸組成についてモノ不飽和脂肪酸割合を調査した結果、給与飼料を同一にした肥育牛では種雄牛により顕著な差がみられる。大型の和牛ほど低い傾向にあったが、血統構成によって大きく影響される、肥育農家により大きな差がみられるなどが判明した（図31）。今後さらに詳細な研究がなされ、消費者が求める美味しい牛肉が解明されることになるだろう。このような美味しさを念頭においた改良を考慮する必要がある。

図31　種雄牛産子群の美味しさの違い

モノ不飽和脂肪酸割合が多いほど美味しいとされている

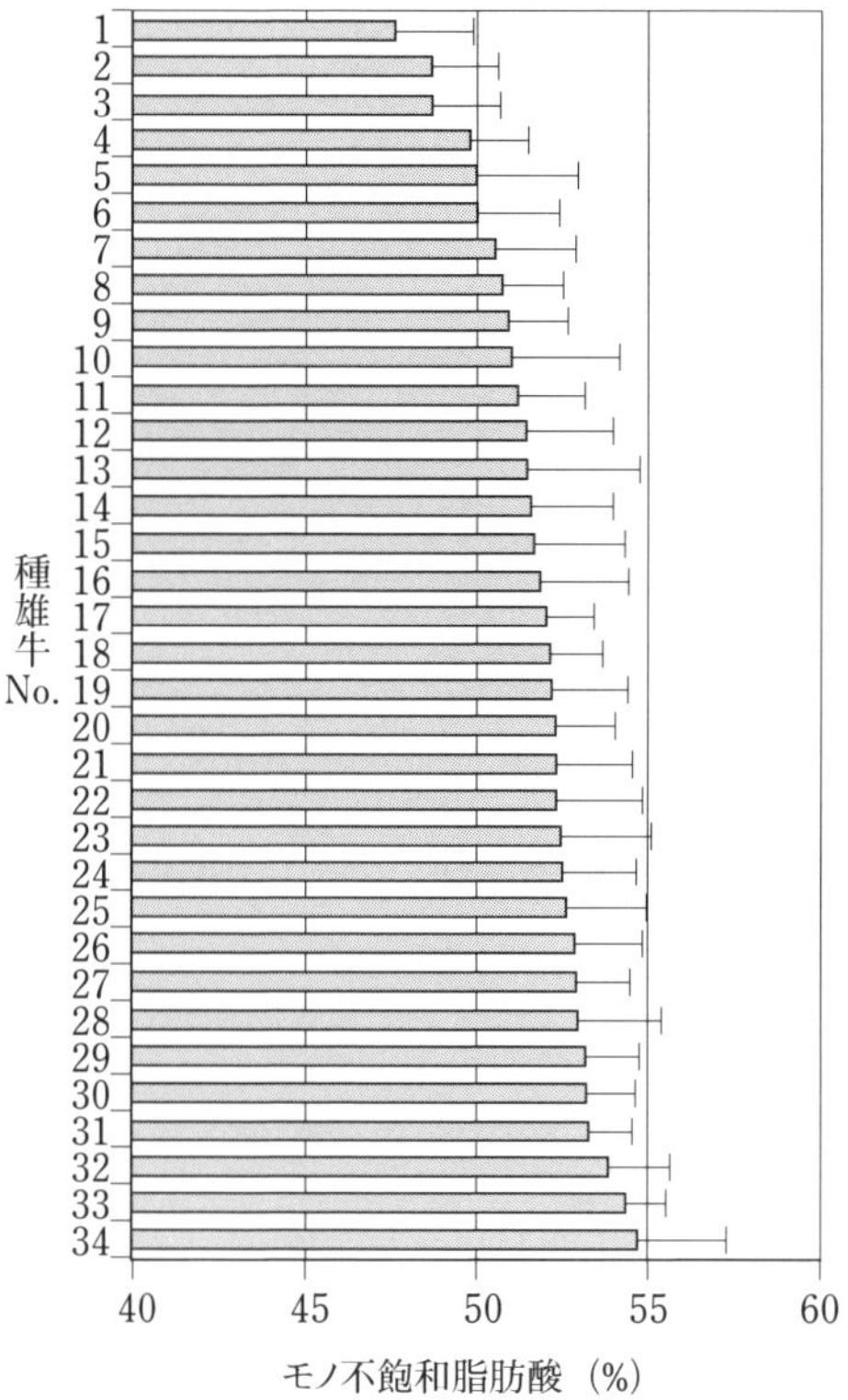

(4) 素牛選びと系統牛づくりの秘訣

母牛よりよい牛、儲かっている家系を選ぶ

多頭飼育や種畜牛生産を行なう場合には、個人で系統牛づくりを考えたらよいと思う。繁殖能力や産肉能力が優れた個体が判明したらその子孫を繁栄させ、系統牛を作出すれば、高価に販売することができる。

しかし販売する牛は、自家保留牛より劣る牛でなければならない。とくに自家保留する場合は、生産された子牛のなかでいちばんよく、しかも母牛よ

図32　地域内に残る優良母牛の家系図の例

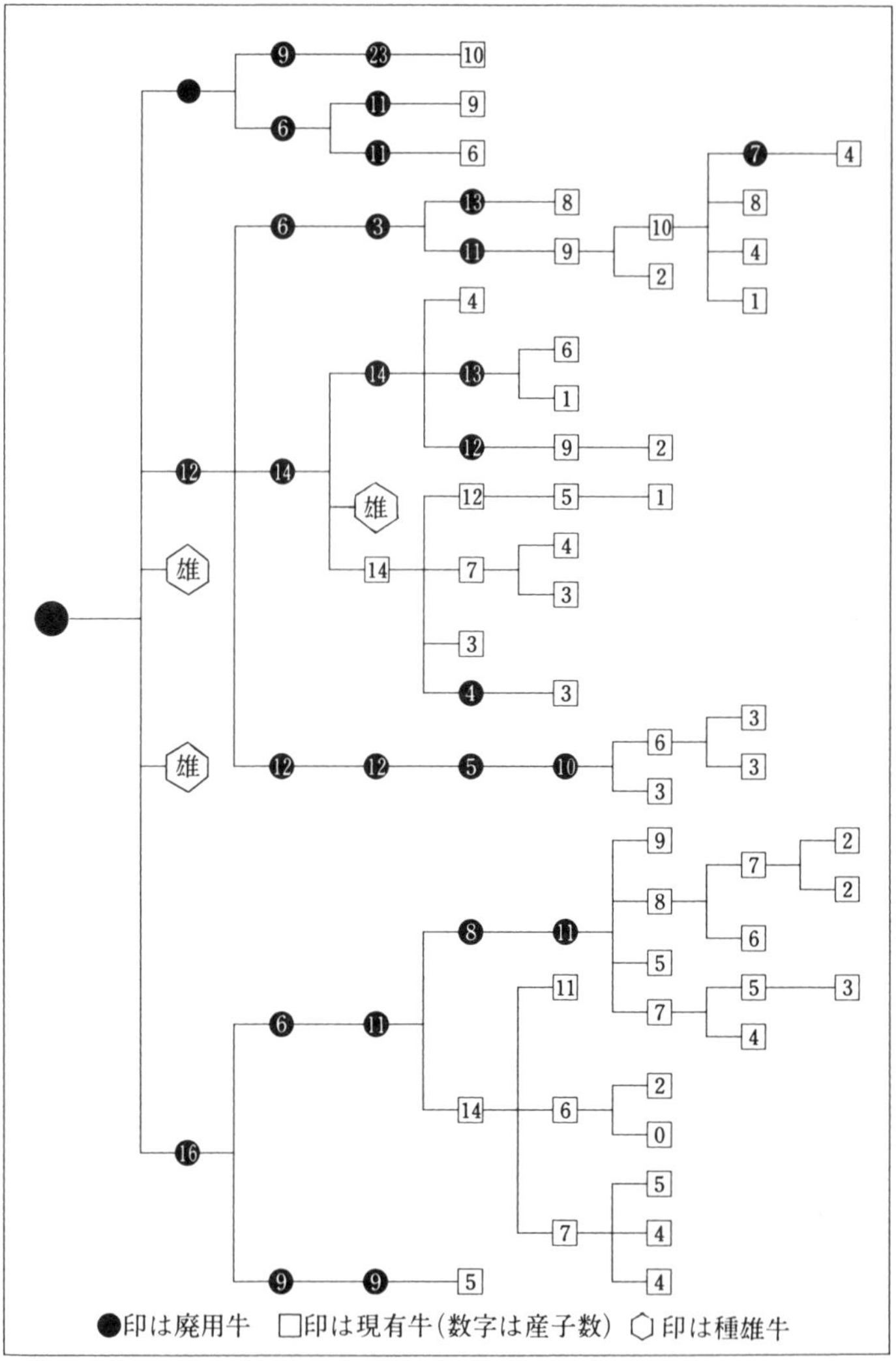

り能力がよくなる牛でなければならない。よい牛を販売すると自分の家の儲けは一度だけで、販売先が何度も儲けることになる。そして自分の家は、牛群全体の能力が低下し、今度は高い価格で素牛を購入しなければならなくなり、経営悪化に向かうことになるからである。

また、繁殖能力や産肉能力の高い牛の判定は、自分の家の牛だけでなく地域に残っている牛の情報を集めることによってより確実になってくる。

母牛の能力がどれくらい子牛にひきつがれるかは正確にはわからないが、よい母牛を選ぶことが大切なことは言うまでもない。その場合、地域内によい牛がいれば、その母牛の家系を調査することが大切である。母牛の家系を過去にさかのぼって調べてみて、その家系がどのくらい地域にひろがっているかによって、その母牛がどれくらい儲けてくれる牛かを指標とすることができる（図32）。その家系がたくさん残っているということは、儲けてくれた牛が多く存在すると判断できる。一頭ずつしか残っていない牛というのは、やはりどこかに欠点があるといわなければならない。

図33　同じような形質をもつ優良牛（登録審査前）

儲けてくれる母牛とは、繁殖成績がよく、子牛が高く売れた牛である。子牛が高く売れたということは生まれた子牛の資質がよいだけでなく、母牛が子育ての能力にも優れ、その後の飼育管理によってよい子牛になったのである。つまり、遺伝的な能力が高く、飼い方などが農家の環境に合っており、その遺伝能力が最大限に発揮されることにより、優良な子牛ができるのである。

そこで、例えば「五産とも市場の平均価値より二、三割以上高く売れた」ということもよい牛を選ぶうえでの重要な指標になると思う。そして、儲かっている牛の姿を頭のなかに入れてしまえば、その後は、他の牛も、その牛と比較してみることで外観上からもよい牛の判断がつくようになってくるのではないだろうか。

母牛の家系図をつくるには、その産地に古くからおられる指導者に聞くのがよい。そうした方がいない場合には各地域の指導機関で聞けばわかると思う。その場合、家系図のなかにそれぞれの連産性や産肉能力などの情報も記録しておくとより確実な選抜ができるようになる。

種雄牛選びは母牛との相性も考えて

母牛の選定とあわせて、交配にあたってどういう種雄牛を選ぶかも非常に大事になってくる。現在では、全国和牛登録協会の行なっている種雄牛の産肉能力検定結果や産子検定結果を指標にする方法が一般的である。産子検定とは、新しい種雄牛から生まれた子牛がどういう体型上の特色をひきついでいるかを見るものである。

その場合、種雄牛の外観上の特徴がどれくらい固定されているのかといった点や、子牛に現われた特徴が種雄牛の影響によるものか、あるいは母牛の影響によるものかといった点にも配慮する必要がある。

例えば、その種雄牛が現在体積のある牛であったとしても、それが子に遺伝するかどうかは、種雄牛の外観上の姿だけでなく、体積が大きくなる遺伝子をどれだけ強くもっているかどうかにもよると考えられる。そのため、種雄牛一代だけでなく、その種雄牛の母牛や父牛、さらにはもう少し祖先までさかのぼり、体積が大きいという形質がどの程度まで固まっているかを見極める必要がある。

また、ある母牛にＡという種雄牛を交配してできた産子の肉質がとくに優れていた場合、今度Ｂという種雄牛を交配した場合も同じような肉質の出る母牛が多くみられるが、なかにはＡでは優れていてもＢでは劣る肉質であった母牛もいる。このように種雄牛によらず母牛の産肉能力が子牛にひきつがれる母牛と、種雄牛によって子牛にひきつがれたり、ひきつがれなかったりする母牛もいる。こうした場合には、母牛と種雄牛の組み合わせも考えて種雄牛を選定する必要がでてくる。

このように、種雄牛を選定するにあたっては、種雄牛の各種検定や枝肉市場成績と合わせて、種雄牛の祖先までさかのぼってその特徴を調査したり、母牛との相性を考えたりすることも大切になってくる。

優良牛は自家保留か地域内保留が鉄則

よい牛をつくっていくうえで自分だけではできないことがある。よい牛を得ても単一な系統だけでは近親繁殖となり、近交度が増して生産性に悪影響を及ぼすかもしれない。したがって、同じような形質をもち、血統構成の異なるいくつかの優良牛の集団が地域内に数多く飼育されていることが重要である。そして系統を維持して固定させることにより、よい牛が求めやすくなる。さらに優良牛づくりにむけて農家間の競争が生まれ、このことが経営にもプラスとなる。そこで優良牛ができたら自家保留するか、地域内で保留すれば、地域全体の改良をさらにスピードアップさせることができる。そのことによってさらなる優良牛づくりと飼育管理のレベルアップが図られ、地域での優良系統牛が作出され、種畜として高く評価されると貴重な価値が生まれる。

但馬地方には昔から血統、能力、体型の三拍子揃った牛を、地域内で家畜市場出荷前に売買する「斡旋会」という制度がある。この制度によって最優秀な但馬牛は地元に残ることになり、地域での改良がスピードアップされ、系統牛が作出できたわけである。

第3章 子牛の飼い方

1 食欲があり、活力に満ちた姿が目標

儲かる子牛を育てるには、子牛がもって生まれた遺伝的能力を最大限に発揮させる飼い方が必要である。また、時代の要求に合った牛づくりを考えなければならないが、どの子牛も手放したくないほどに育てあげる心構えが必要である。

繁殖経営では、子牛を高く売ることが何より重要である。しかし、現状の家畜市場では体重が価格を決める大きな要素となっているので、出荷前になると濃厚飼料主体となり、去勢子牛では陰毛に尿石がつくなど、つい過肥にしがちである。そのため販売先から「あの農家の牛を買うと、その後大きくならないからもう買うのをやめよう」といった言葉をよく聞く。牛飼いを一年で終わるのならよいが長く続けるためには、販売先でよくなる牛づくりをしなければならない。

子牛を育てるうえで必ず行なわれなければならないのは、次の点である。

①重い病気をさせないこと、とくに下痢には注意し、牛舎内に下痢便があれば、どの子牛かをその場でみつけ、すぐ治療をしてもらう。

②粗飼料を充分に食べさせて腹は大きく（タレ腹はいけない）体幅のある牛にする。

③運動を充分にして四肢のしっかりした牛にする。

④多少の余力を残して家畜市場に出荷する。

すなわち月齢に合った発育で、ゆとりのあるのびのびとした体型をしており、いわゆる「素直に大きくなった牛」で、活力に満ちた姿が最もよい子牛である。

多頭飼育をすると病気の発生が多く

図 34　集団の牛を観察・管理する

被毛の艶，活力，尻の汚れなどに注意する

なり、発育にバラツキがでてくることが多くみられる。これは一頭当たりの接する時間が短くなることで観察がいきとどかないためである。どこをみれば健康か病気かを集団で観察できるようにならないと多頭化してもかえって総収入が少なくなってしまう。例えば健康な牛は二〜三時間横になって立ち上がれば、大きく背を伸ばし「あくび」をする。また鼻鏡が湿っており、被毛に艶がある。大切なことは時間があれば牛と接して牛の姿をみて、自分なりにどこをみれば健康な姿かを判断できる方法を早くみつけることが、上手な飼い方の第一歩である。

図35　健康な子牛の動作

背を丸めたり伸ばしたりする牛は健康な証拠

2　儲かる子牛を育てる三原則

(1)　発育のよい子牛を産ませる

　発育のよい子牛は、まず生時体重が平均よりも大きいことである。こうしたよい子牛を産ませるには母牛の選定が第一であるが、よい母牛でもその後の飼養管理によって生まれる子牛の発育に差が出てくる。子牛の生時体重は、交配種雄牛、妊娠期間、母牛の産次や年齢によっても左右される。とくに異なる種雄牛を交配しても小さな子牛しか産まない母牛もみられるので、その母牛の特徴をつかんでおくことが大切である。母牛の栄養状態による影響は極端な過肥や栄養不足の牛以外では少ないといえる。

　また、分娩のさせ方によってもその後の発育が違ってくる。正常に分娩しているにもかかわらず、母牛が苦しそうにしているので「愛畜心」のつもりで、助産して子牛をひっぱり出すことはよくない。正常に分娩すると出血はほとんどみられないが、無理な助産をすると出血したり、子牛の活力が弱くなり、その後の発育に悪影響を与え、しかも母牛の子宮の回復が遅れることにもなる。難産以外は母牛にまかせることが大切である。

(2) 子牛とのふれあいの場を多くする

「神経質な牛は大きくならない」といわれている。なぜならば生まれてからいやなことばかりされ、人間に恐怖感をもっているため人に近よらず、いつもまわりに神経をつかい、飼料も満足に食べず、落ち着きがないため大きくなれないのである。逆に、母乳不足から人工乳を与えると、子牛は人を母牛のように思い体によりそい後ろについてくるくらいまでよくなつくことがある。こうした牛は発育も順調で母乳で大きくなった子牛と変わらないくらい大きくなる。

　高い価格で販売された農家の主人にその秘訣を聞くと「どこに行っても帰ってきたら妻の顔をみるより牛の顔をみること」といわれた。このように子牛と人間のコミュニケーションの場を多くすると、下痢、肺炎などの病気を早くみつけ治療することができ、また、牛の発育状態がわかり適切な飼料給与ができる。そして、販売先からも喜ばれ「儲かる牛づくり」となるのである。子牛は生後できるだけ早く愛撫してやることが人になつく第一歩である。

図 36　高価格販売の秘訣は「まず牛の顔をみる」こと

婦人会の会合のあと服も着替えずまず牛舎へ。健康状態のチェックと愛撫を行なう

(3) 余力を残した「活力ある牛」で高価格に

子牛の体型が最高の状態とは、だれがみても欠点が少ない状態のことである。このような牛の特徴は、過肥ぎみで、尾枕（尾根の両側）が大きくついており、活力が欠ける傾向にある。このようになった牛は将来伸びなやみ、よい牛にはなりにくいことが多いようである。子牛は毎日発育しており、体高がぐっと伸びたり、ある時期には体重がついたりしながら大きくなっていくので、どこにも欠点がないということは大きくなる要素がないということである。まして尾枕が大きくついていることは、内臓に脂肪がたまり、胃腸が弱っている証拠で、その後の飼料の食いこみが悪くなってくるのである。最近このような牛が家畜市場で多くみうけられ、しかも高い価格で取引きされていることには不安をもっている。

牛の体型が最高になるとその後はかえって悪くなってゆくものである。そうした例として、出荷二カ月くらい前に行なわれる子牛の品評会で最優秀の子牛が市場では安く、逆に一、二等賞の子牛が高く取引きされることがたまにみうけられる。

子牛の飼い方で指標となるのは「尾枕」である。これがつき始めると体型がよくみえるが、体の伸びが抑えられてくる。家畜市場で最高の状態になるようにするには出荷時はある程度の体重が必要なので、尾枕をみながら飼料を増減して、尾枕がみえ始める程度の飼い方をすることである。早くから濃厚飼料を多給するとかえって悪くなる。一応の目安として、濃厚飼料を増して体重をつけ始める時期は、雌子牛では家畜市場出荷日の二〜二・五カ月前、去勢子牛では三カ月前から開始すれば充分に間に合う。多少の余力を残した状態で「活力ある子牛」を家畜市場に出荷することが高価格につながる。

図37　大きくついた尾枕

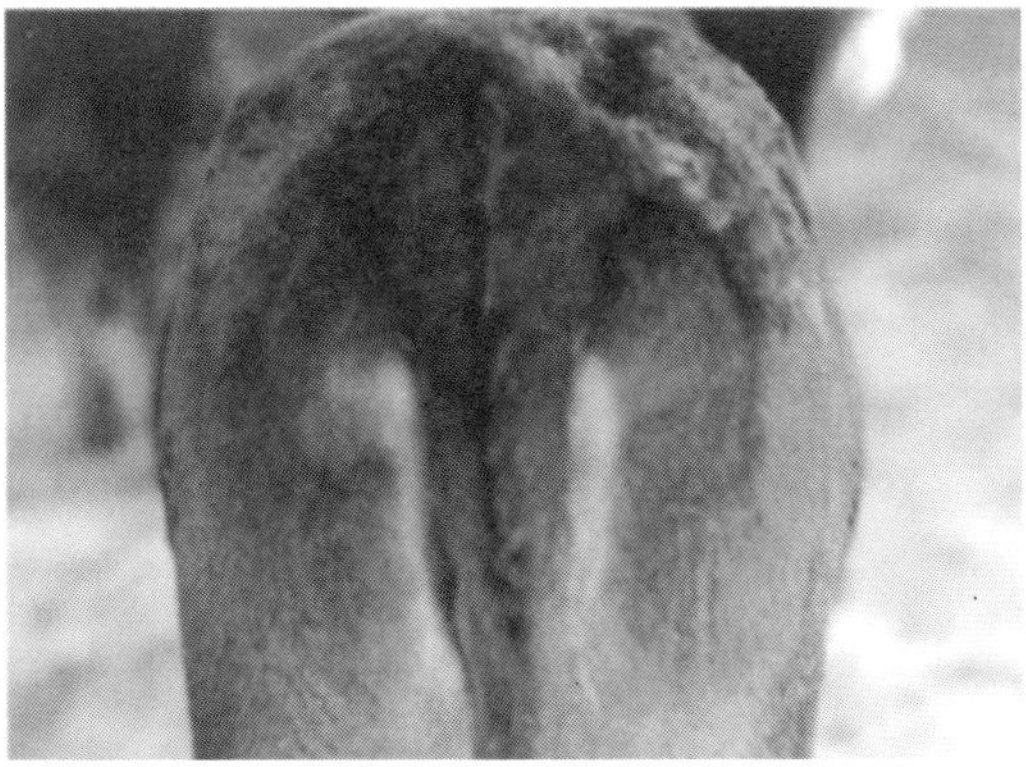

尾根部まで盛り上がっている。そろそろ食い止まりが始まっている

3　発育のとらえ方と飼い方のポイント

(1) 生後三カ月齢までの発育がその後に大きな影響を及ぼす

子牛の発育にとって、生まれてからしばらくは母乳が唯一の栄養源である。しかし、子牛の発育に充分な量の母乳がでる期間は短い。母乳は図38のように分娩後二週間くらいで最高になり、その後は次第に減少していく。乳のよくでる牛でも四カ月、乳の出ない牛では三カ月ころから急に減少してくる。

一般に母乳は生後二カ月間は子牛の発育に充分な栄養分があるが、二カ月を過ぎると徐々に減少していき、その後は急速に不足してくる。この不足分を別飼い飼料で補給することで、子牛の発育をよくする。また、別飼いすることにより、子牛の胃を発達させ、飼料の利用性のよい将来性のある牛をつくることができる（図39）。しかしこの時期は胃が充分発達していないので、濃厚飼料の過食や粗悪な飼料などによる下痢の発生が多く注意が必要である。

牛の体は図40のような順序で発育し、それぞれの発育段階の栄養分の多少によって大きく影響される。子牛は発育段階の「2」が中心となる。とくに発育初期に下痢や風邪などの病気をしたり栄養分が不足すると発育が遅れてしまう。その発育の遅れをとりもどそうとして飼料を多く与えても、その飼料は体高など骨の形成に生かされずに、次の発育段階である筋肉や脂肪の発育に使われるため、結局みすぼらしい「こびれ牛」になってしまう。こびれ牛は体の割合に頭、角が大きくなり、体高が低く、皮下脂肪や尾枕がついているのが特徴である。

図38　乳量の推移

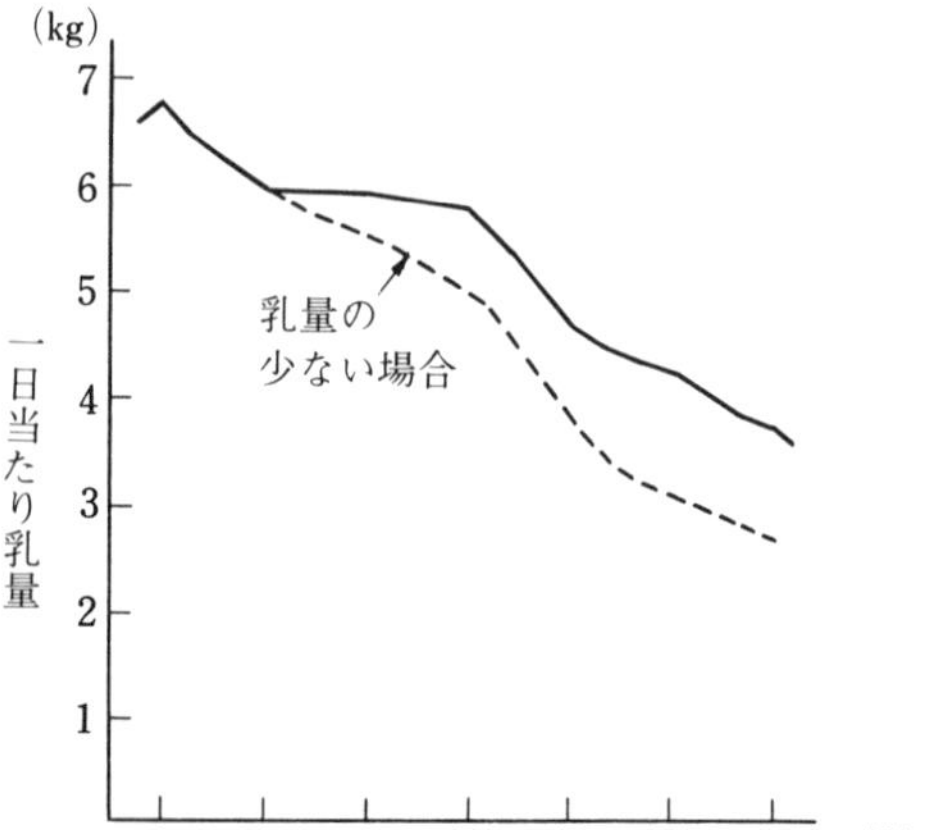

病気が一週間以上も続いた牛は角をみると、母牛がお産ごとに輪が入るように角の根元の部分に鮮明な輪が入っている（去勢した場合も同様にみられる。図41）。また角の角度によっても発育状況が推察できる（図42）。順調に大きくなった子牛の角は横になるが、病気にかかった子牛の角は程度により矯角したように上方に向く。去勢

図39　発育に伴う養分必要量

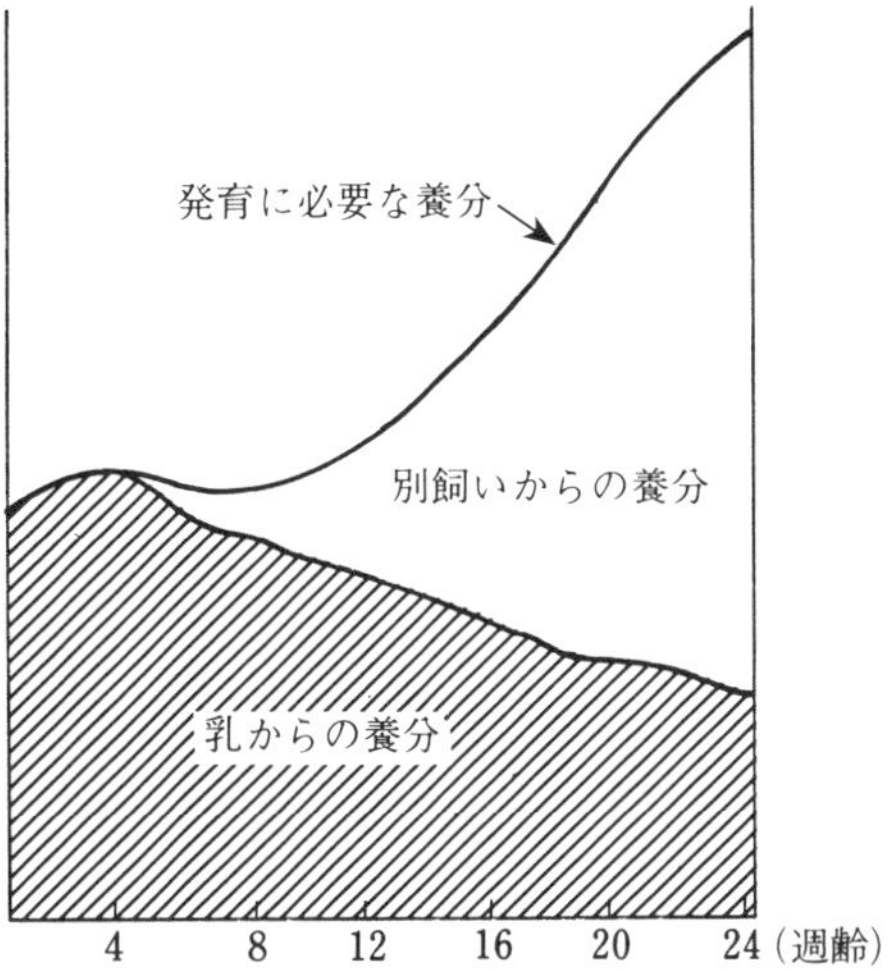

図40　牛体および組織の発育順序

発育段階	1 →	2 →	3 →	4
部位	頭	頸（四肢）	胸郭	腰
組織	神経	骨格	筋肉	脂肪
骨格	管骨	脛骨（腓骨）	大腿骨	骨盤
脂肪付着	腎臓脂肪	筋間脂肪	皮下脂肪	筋肉内脂肪（サシ）

図42　角の角度によって発育状況がわかる

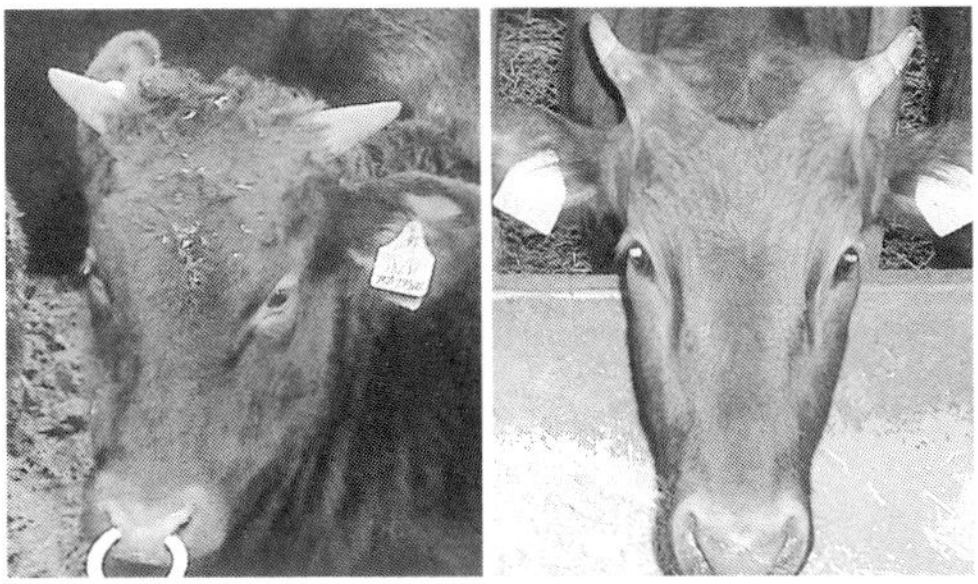

角が横に向いている，順調に大きくなった牛　　角が内側に向いた，疾病の経験のある牛

図41　角に輪の入った状態
（去勢牛）

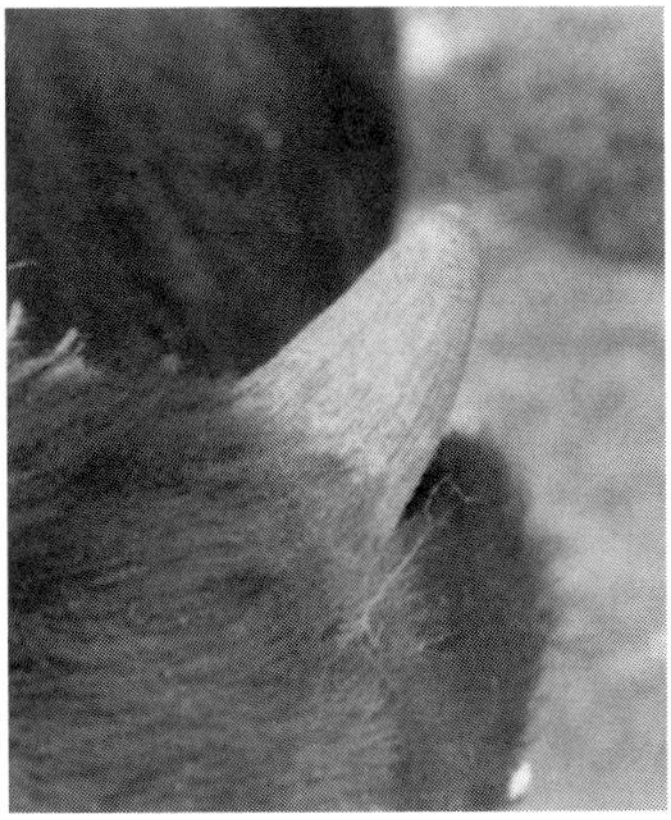

子牛では明らかに判断することができるが、雌子牛では角が軟らかいので横になることはないが角度の違いは同様である。子牛の飼い方のポイントは生後三カ月までの病気が、その後の発育に大きな影響を与えるといっても過言ではない。そのため初期の飼養管理には特別の配慮が必要である。

図 43　牛体測定の部位と呼称

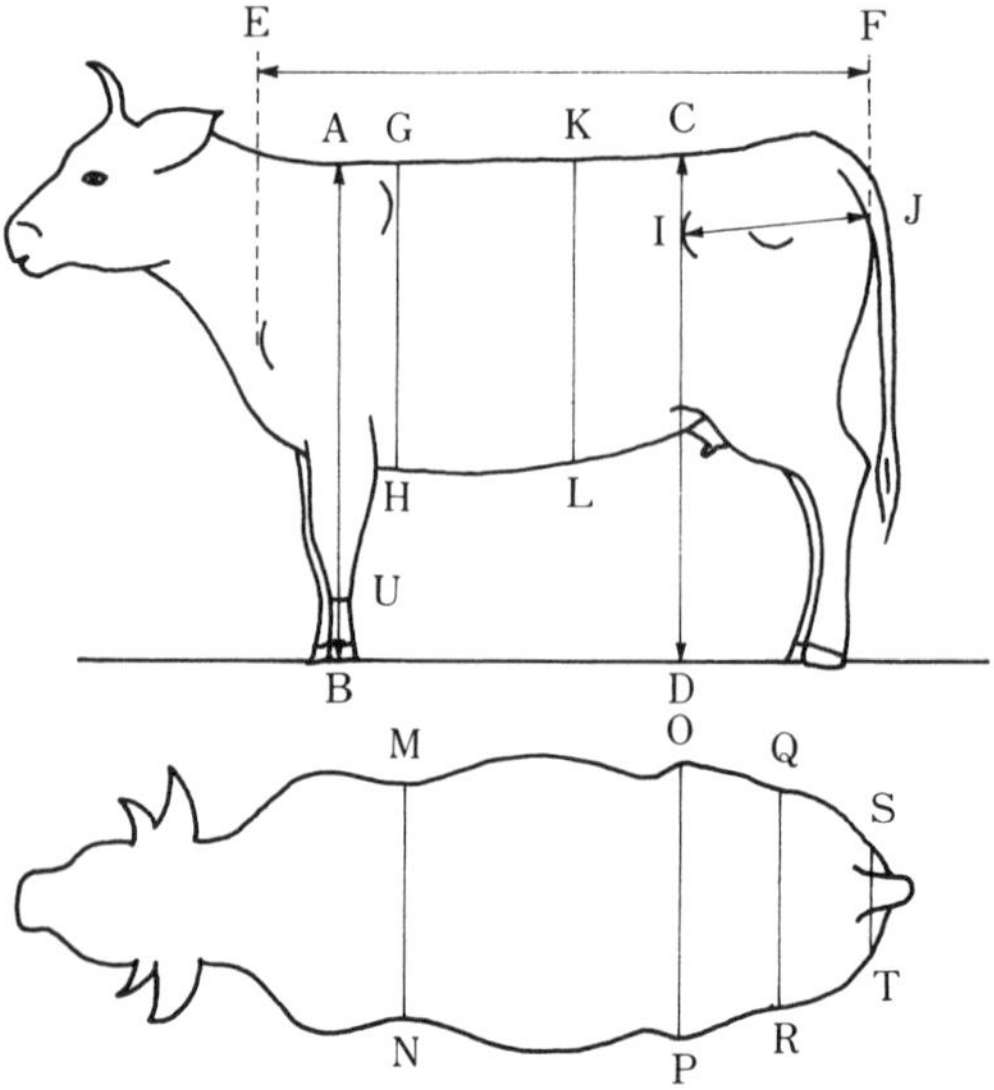

AB：体高，CD：十字部高，EF：体長，GH：胸深（胸囲），IJ：尻長，KL：（腹囲），MN：胸幅，OP：腰角幅，QR：臗幅，ST：坐骨幅，U：管囲

(2)　発育の目安は体高を重視して

正常な発育の範囲は

子牛の発育の目安として全国和牛登録協会が、生後より月齢ごとの体の各部位の正常な発育値とその範囲を示している。しかし全国には特質の異なる数多くの系統が飼育されており、発育の仕方は多少異なっている。

そこで兵庫県内の但馬牛の発育状況を調査するために、多頭飼育農家で生産された子牛を生後から市場出荷（生後九カ月）まで、毎月体重と体型測定を行ない、正常な発育値とその範囲を設定した（巻末135ページ付図1として掲載したので参照してほしい）。

したがって簡易な測定器をつくり、一カ月に一回程度体高などの測定を行ない、正常な発育値と比較する。さらに発育状況の観察と飼料給与量を記録して発育のよい子牛づくりをすべきである。

体の部位で発育のスピードがちがう

体の各部位の発育値から部位ごとに

図44　子牛の発育と飼い方

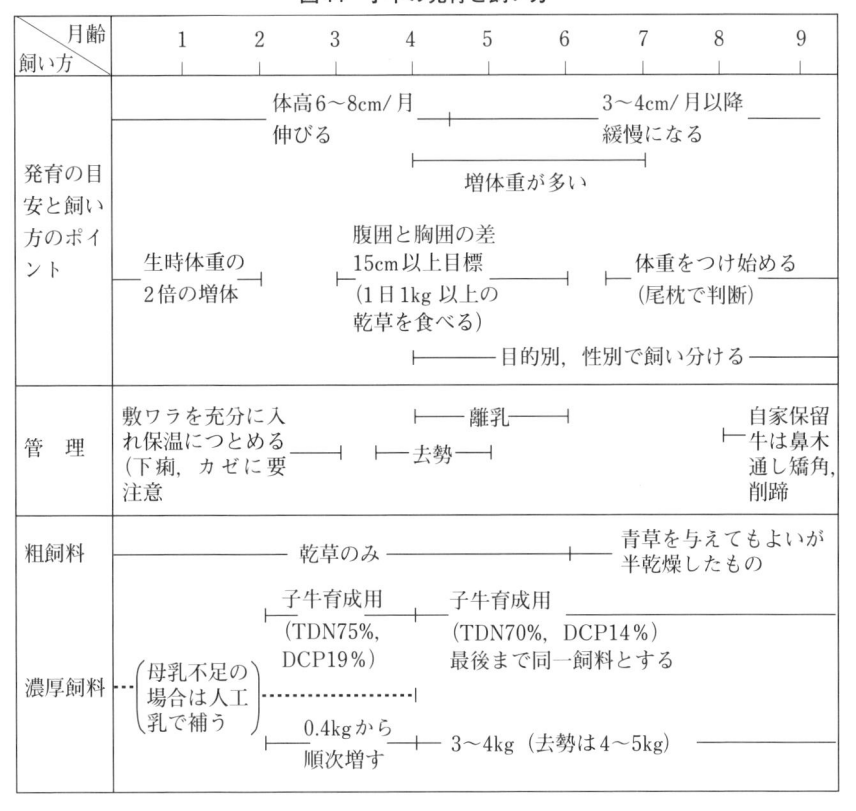

月齢／飼い方	1〜3	4〜6	7〜9
発育の目安と飼い方のポイント	体高6〜8cm/月伸びる 生時体重の2倍の増体	腹囲と胸囲の差15cm以上目標（1日1kg以上の乾草を食べる） 増体重が多い 目的別，性別で飼い分ける	3〜4cm/月以降緩慢になる 体重をつけ始める（尾枕で判断）
管　理	敷ワラを充分に入れ保温につとめる（下痢，カゼに要注意 去勢	離乳	自家保留牛は鼻木通し矯角，削蹄
粗飼料	乾草のみ	乾草のみ	青草を与えてもよいが半乾燥したもの
濃厚飼料	（母乳不足の場合は人工乳で補う） 子牛育成用（TDN75%，DCP19%） 0.4kgから順次増す	子牛育成用（TDN70%，DCP14%）最後まで同一飼料とする 3〜4kg（去勢は4〜5kg）	

図 45　各部位の測定

若い牛飼いグループで協力し合い，発育状況をチェックし，技術向上につとめている

図46　雌牛の体各部位の発育（但馬牛）

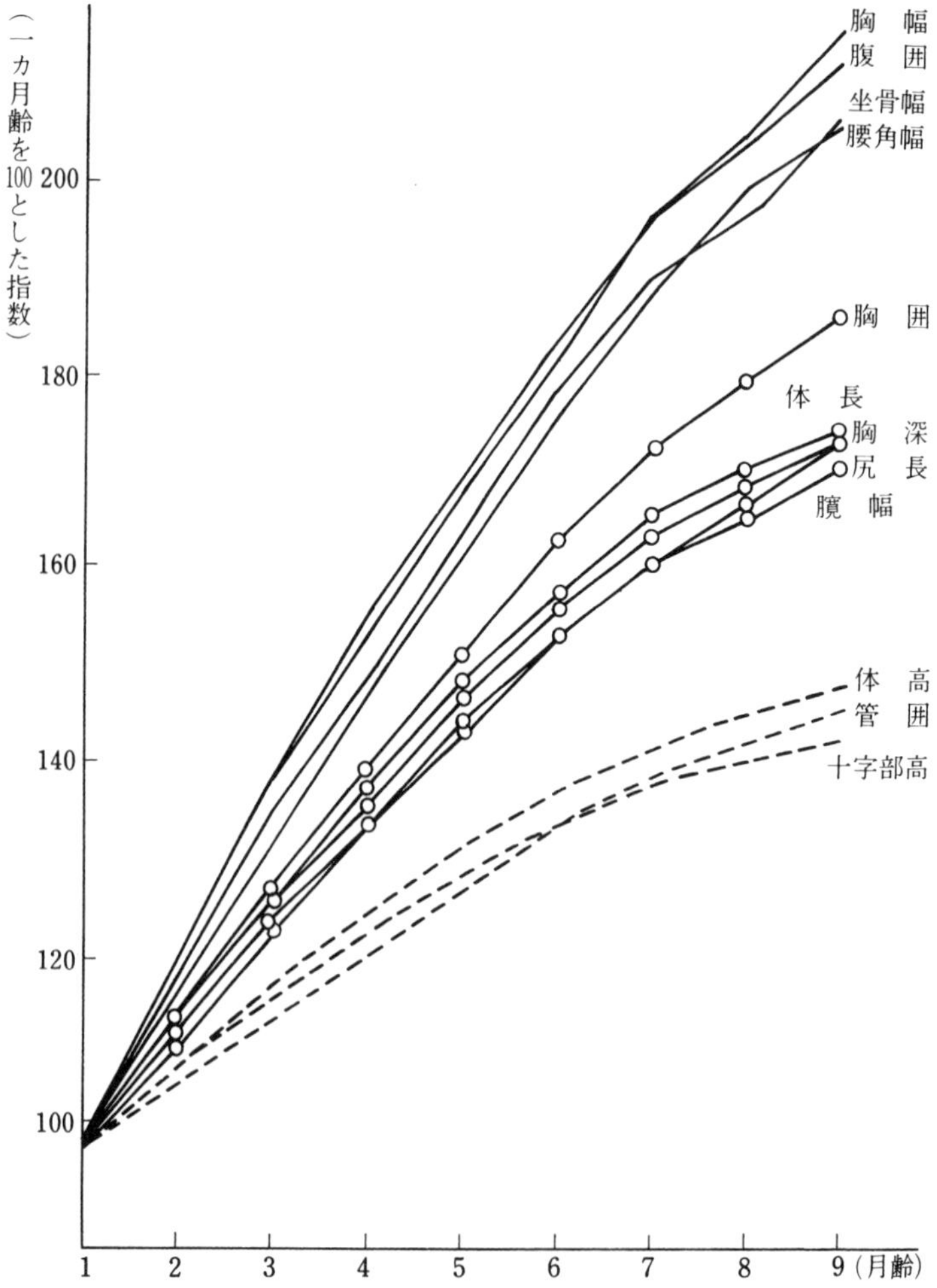

発育する速さを雌子牛についてみたのが図46である。これは一カ月齢を一〇〇として各月齢ごとに指数で示している。最も早く発育する部位は体の幅で、胸幅、腹囲、坐骨幅、腰角幅など九カ月齢で一カ月齢の二倍以上大きくなっている。

次に胸囲、体長、胸深、尻長、髖《かん》幅で、体の長さや深みの部位が約七割大きくなり、最も発育スピードが遅いのは体高、十字部高、管囲で約四割しか大きくならない。なお雄子牛も同じような発育をしている。

このように発育の目安として重要な体高は発育のスピードが遅く、肥えることにより大きくなる部位は速い。このことは濃厚飼料を多給すると体高が低く、よく肥えた牛になる傾向を示している。したがって、発育スピードの遅い体高を重視した飼養管理が必要となってくる。

(3) 生後三カ月までの発育目標

健全に生まれた子牛が最大の能力を発揮し、よい牛になるかどうかは、早い時期に決まる。子牛市場が近づくと、それまであまり手をかけなかった子牛にホホグクリをつけ運動させたり、飼料をたくさん与えたりすることがある。子牛も最初はよろこんで元気で食欲があるが、すぐに疲れて活気がなくなるなど牛がとまどっている姿をよくみかける。小さいときから素地をつくっておかないとすぐ食いどまりがきて充分な牛づくりができなくなる。

体高を一カ月に六〜八センチ伸ばす

但馬牛の発育値から体高と体重が一カ月間にどのくらい大きくなるかをみたのが図47である。雄子牛と雌子牛とでは一カ月に大きくなる量は違うが、大きくなる時期は同じである。体高をみると生後一カ月から三カ月までは一カ月間に六〜八センチと最もよく伸びる。月齢がすすむとともに徐々に少なくなり、七カ月を過ぎると一カ月間に四センチ以下となってしまう。このことは生後三カ月までは骨の発育がさかんであることを示している。もしこの時期に下痢などの病気が長く続き、半分しか大きくならなかったとすると一カ月に三〜四センチ体高が低くなってしまう。これをとりもどすには、毎月正常な発育をしたうえに三〜四センチ伸ばさなければならないが、これはとうてい無理なことである。とくに長く下痢の続いた牛は胃腸の回復が遅れ、発育をとりもどすことは困難である。種々治療や飼養管理を工夫しても、家畜市場出荷時には体高が低く伸びのない牛になってしまう。

体重の発育は生後六〇日までほとんどが母乳による。乳量調査で乳量と子牛の体重をみると、乳量が多い母牛の子牛は生時体重が一カ月間に二倍以上になっていた。生後九〇日を過ぎると別飼い飼料をよく食べるようになり、月齢がすすむにつれて一カ月間の増体量が増えてくる。いちばん体重が増えるのは生後四カ月から七カ月である。雄子牛では一日当たり一キロ以上、雌子牛では〇・九キロ増体している。これは体高と体の伸びによるものと推察される。七カ月を過ぎると過肥にならなくするために増体量は少なくなっている。

図47　子牛の1カ月間の発育の仕方

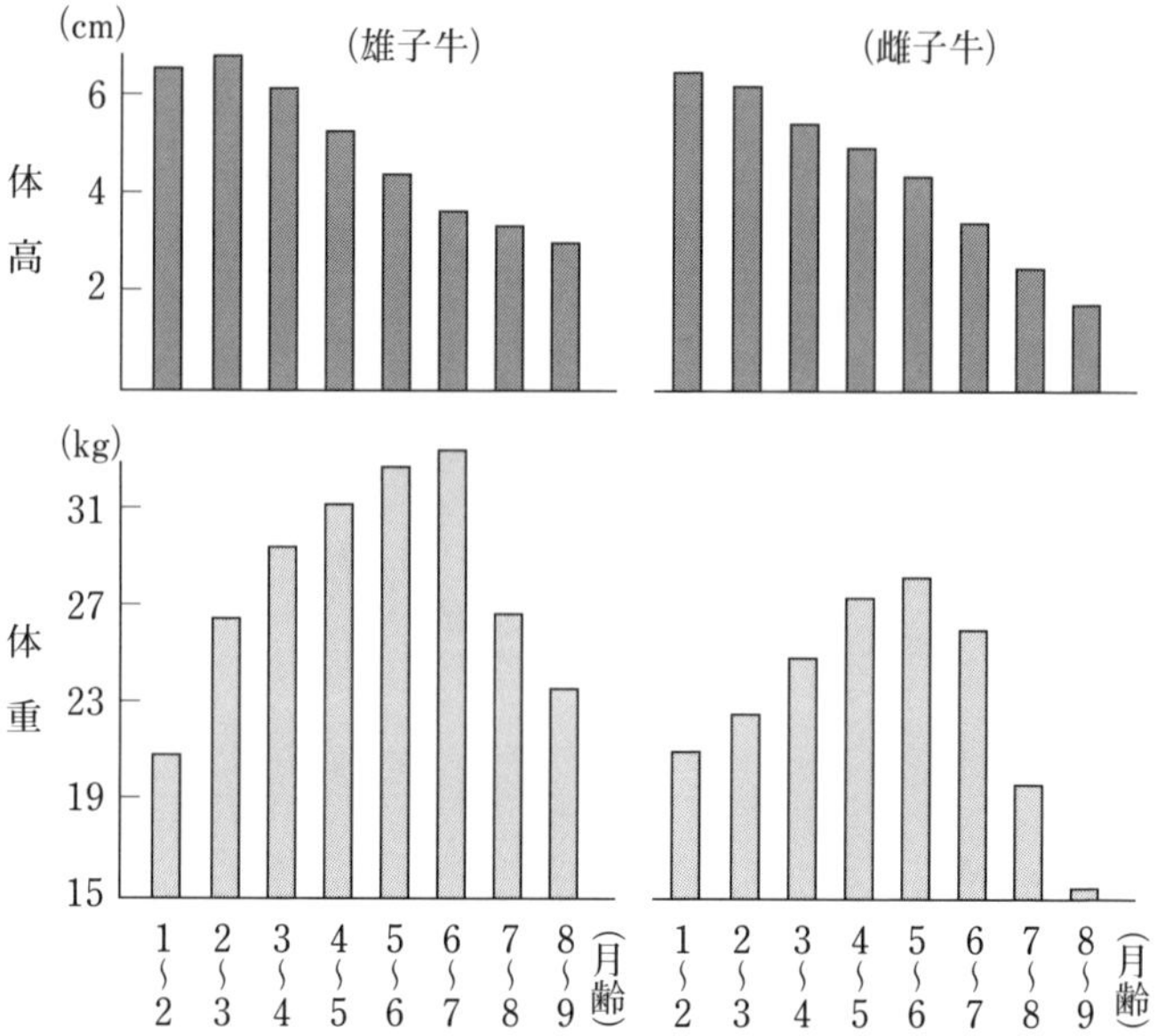

腹囲を胸囲より一五センチ以上大きくする

牛の胃の発達状態をみたのが図48である。牛の胃は四つあり、飼料をしっ

図48　胃の発達の仕方

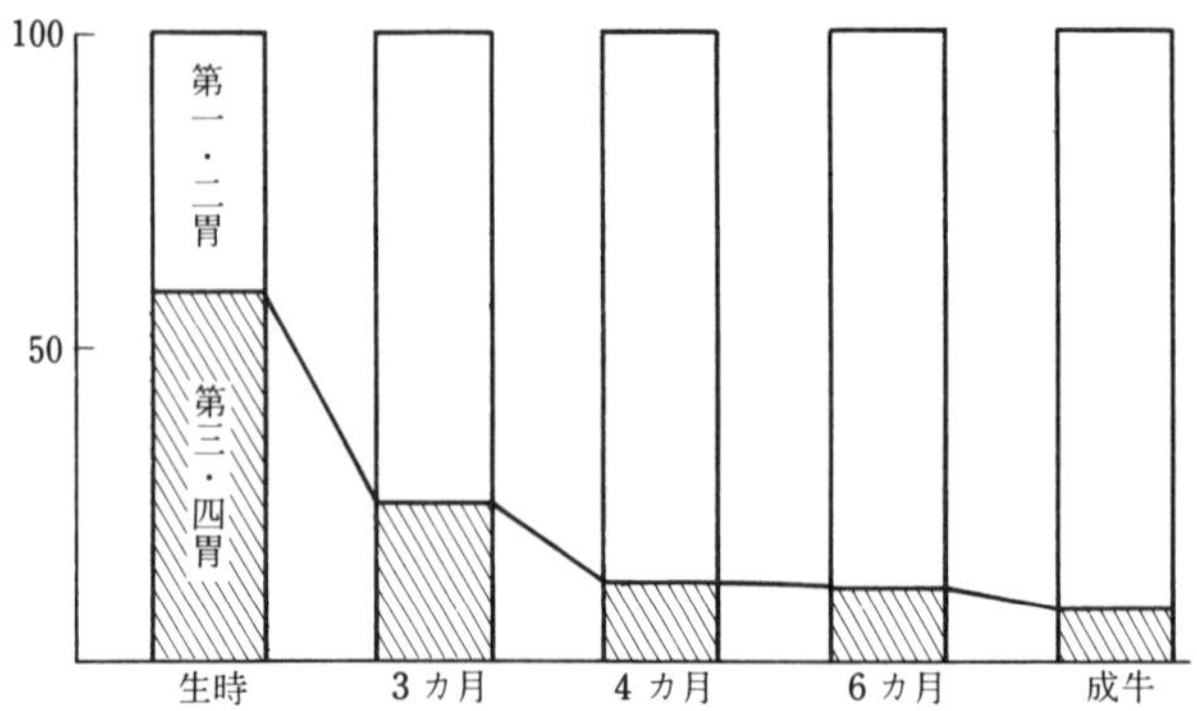

図49　子牛の腹囲と胸囲の発育（平均値）

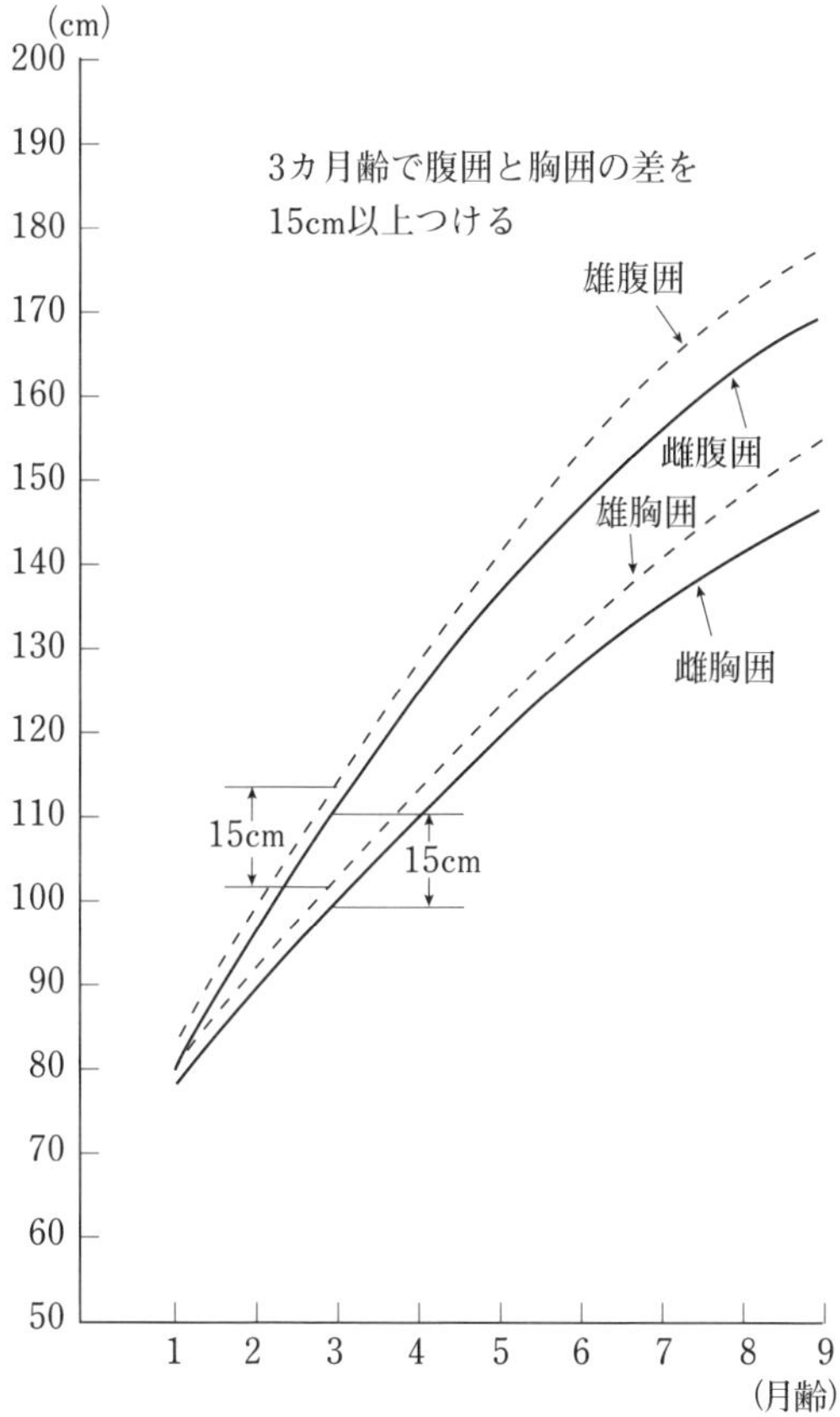

図 50　胸囲と腹囲の測り方

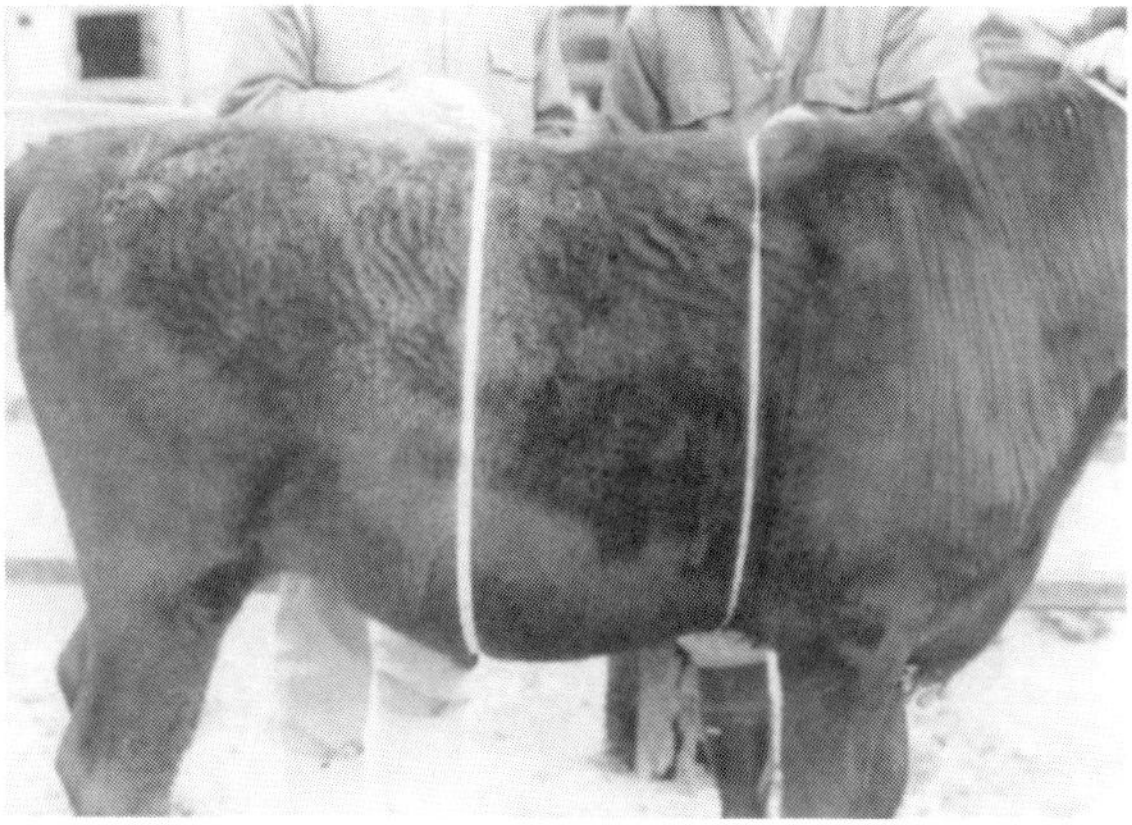

かり食べるには第一胃が大きくならなければならない。しかし生まれた子牛は、まだ牛として大切な第一胃の働きがなく、人間の胃と同じような働きをする第四胃のほうが大きい。したがって早く第一胃を大きくしなければ飼料を多く食べることができない。子牛は生まれてから一週間もすると敷ワラや母牛の飼料を食べるようになる。栄養分は母乳で充分であるが、子牛みずから第一胃を大きくしようとしているのである。その後は採食量も増えて月齢がすすむにつれて第一胃が大きくなっていく。ほうっておいても第一胃は大きくなるが、それだけでは将来食いこみがよく飼料の利用性のよい牛にはならない。子牛が敷ワラを食べ始める生後一〇日目ころから、いつでも食べられるように飼料の準備をしておく必要がある。

胃が大きくなる様子をみる指標として腹囲がある。但馬牛の発育値から胸囲と腹囲の差をみたのが図49である。生後一カ月齢では胸囲と腹囲の差はほ

図 51　腹容の充実した 3 カ月の子牛（このような腹容が理想）

腹がはちきれそうだが被毛に艶がみられず，太ってはいない。胸囲にくらべ腹囲が 15cm 以上大きいと思われる。胃袋ができ，今後は飼料の食いこみが期待される

とんどみられないが、月齢がすすむにつれて腹囲のほうが大きくなっていく。私は生後三カ月齢で胸囲に比べて腹囲が一五センチ以上大きくなっていれば（胸囲は肩後のあたり、腹囲は最後肋骨の上を測る。図50）、その後はいくら食べても胃腸障害をおこさない強い胃ができていると推察している。このような胃にするには三カ月ころで乾草を一日約一キロ以上食べる子牛に育てねばならない。なお、増体のよい系統はこの数値よりさらに大きくなる必要がある。この時期の子牛の体型は太っておらず、腹のみ大きい一見みにくい状態である（図51）。しかし、この体型にしなければ儲かる牛にはならない。実際に農家ではこのような飼い方をして、よい子牛を育てている。ときどき胸囲と腹囲を測定して胃の発育状態を観察してほしい。

この時期に粗飼料不足や下痢などの疾病した子牛は肋骨がもり上がらず中躯を割切にすると「ひょうたん」のような形になっている。いったんこのようになってしまうとその後も回復せず、生産性の悪い牛になる。

肢と蹄の境がもり上がるまで運動を

運動場に出ていれば子牛の肢腰の鍛練は充分という考え方が多い。しかし子牛は走り廻る時期と、そうでない時期がある。生まれて一〜二時間すると乳を飲み寝る。この状態が四〜五日間続き、一週間もすれば牛房の中で走ったりとんだりし始める。生後一週間から三カ月までが子牛自身が最もよく運動するときである。生後三カ月を過ぎると運動場に出しても走り廻らず立っていることが多く、運動にはならない。

生まれたときに肢蹄が弱い子牛でも早くから運動させればじょうぶになることを経験した人があると思う。じょ

うぶな肢腰をつくるには生後一〇日目ころから傾斜のある運動場に出して子牛が走り廻り、前肢でブレーキをかけるなど、楽しそうにはね廻らせることが必要である。子牛が運動場に出る時間は朝夕が多く、昼間ではくもりか小雨が降っているときが多い。晴天の日は出ないことが多い。このような子牛の習性を考えるといつでも自由に運動場に出られる牛舎の構造が必要である。よく走り廻った子牛かどうかは肢と蹄との境界がもり上がっているかでわかる（図53）。雪の深い但馬地方でも一、二月生まれの子牛には牛舎の周りを毎日除雪して運動させている（図

図52　生後3カ月までに肢腰をきたえる

生後１カ月前後，楽しそうに走ったり，とびはねたりしている。
肢腰をきたえる第一歩である

雪の中でも除雪したあとを楽しそうに走る牛
「寒くない子牛は風の子とも言っているのかな!!」

図53　肢と蹄の境のもり上がり（育成牛）

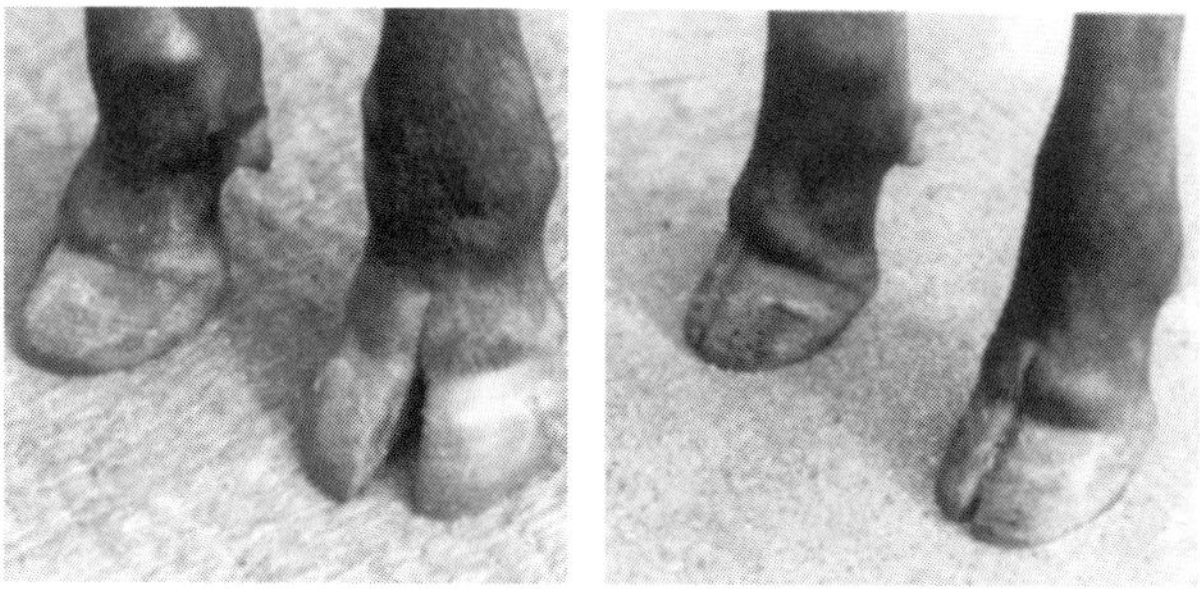

前肢　　後肢

52)。

以上のように生後三カ月までの子牛は胃が充分に発達しておらず、栄養源は母牛の乳量に頼るしかなく、環境の影響を受けやすい不安定な時期である。しかも三カ月までの発育がその後の発育を大きく左右するので、最も重要な時期である。とくに下痢が発生しやすいので、常に糞の状態と尻に汚れがついていないかを飼養管理の最重点にしてほしいものである。

よい糞の状態とは、牛が糞をしたときに形状がくずれないものである。硬すぎるとウサギの糞のようにパラパラとなるし、軟らかすぎるとベタッと流れるようになる。硬すぎるのは水分不足か発熱している場合に見うけられる。こうした点を目安にして常に健康状態をチェックすることが大切である。

(4) 牛に個性が見え始めたら飼い分ける

発育の遅れた牛は腹づくりをしてから

このように生後三カ月までの管理が子牛にとって非常に大切である。しかし、どうしても発育の良否がでてくる。三カ月から四カ月にかけては、それまでの発育の遅れをとりもどす調整期間といえる。

図54のⒷやⒸのタイプのように三カ月までに下痢や病気をさせて発育が遅れた子牛は、粗飼料をしっかり食わせ、腹づくりをしながら別飼い飼料（濃厚飼料）を増やしていかなければならない。

Ⓑのタイプは、この三カ月以降も粗飼料をしっかり食いこませ、正常なものよりは少し劣るが、体高がかなり大きくなり、正常発育の範囲内に発育している。

Ⓒのタイプは、腹づくりができていないまま別飼い飼料（濃厚飼料）を多く与えすぎると、体高が大きくならないままに、体重だけがついて「こびれ牛」になってしまう。

すなわちⒷ・Ⓒのタイプの飼料給与法としては、粗飼料を充分食べさせる必要がある。そのため濃厚飼料は高栄養飼料として、発育に必要な分だけ少量摂取させる方法が最適である。

雌・雄を分けて発育を揃える

生後三カ月までは雄と雌で性や強弱などで大きな違いはないが、三カ月ころになると雄子牛は雄としての能力がで始め、子牛に乗ったり母牛が発情しているとその近くを歩き廻るなど落ち着きがなくなる。反対に雌子牛は、ゆっくりと落ち着いていて食欲も旺盛である。

　この時期に雄、雌を同居させて飼料を与えると、とくに濃厚飼料は雌子牛が最初に多く食べ、残りを雄子牛が食べるようになる。したがって雄はやせぎみで雌はよく肥えてくる。このような飼い方をしていると雄は体高にくらべ体重が軽く、雌は反対で、どちらもよい牛にはならない。雄子牛は種雄候補牛にならなければ四カ月ころから去

図54　子牛の飼育方法と体高の変化

Ⓐ 理想的な発育のタイプ
Ⓑ 3カ月までに遅れが出たが，粗飼料中心の飼料に修正したタイプ
Ⓒ 3カ月までの遅れをそのままに，濃厚飼料を多給したタイプ

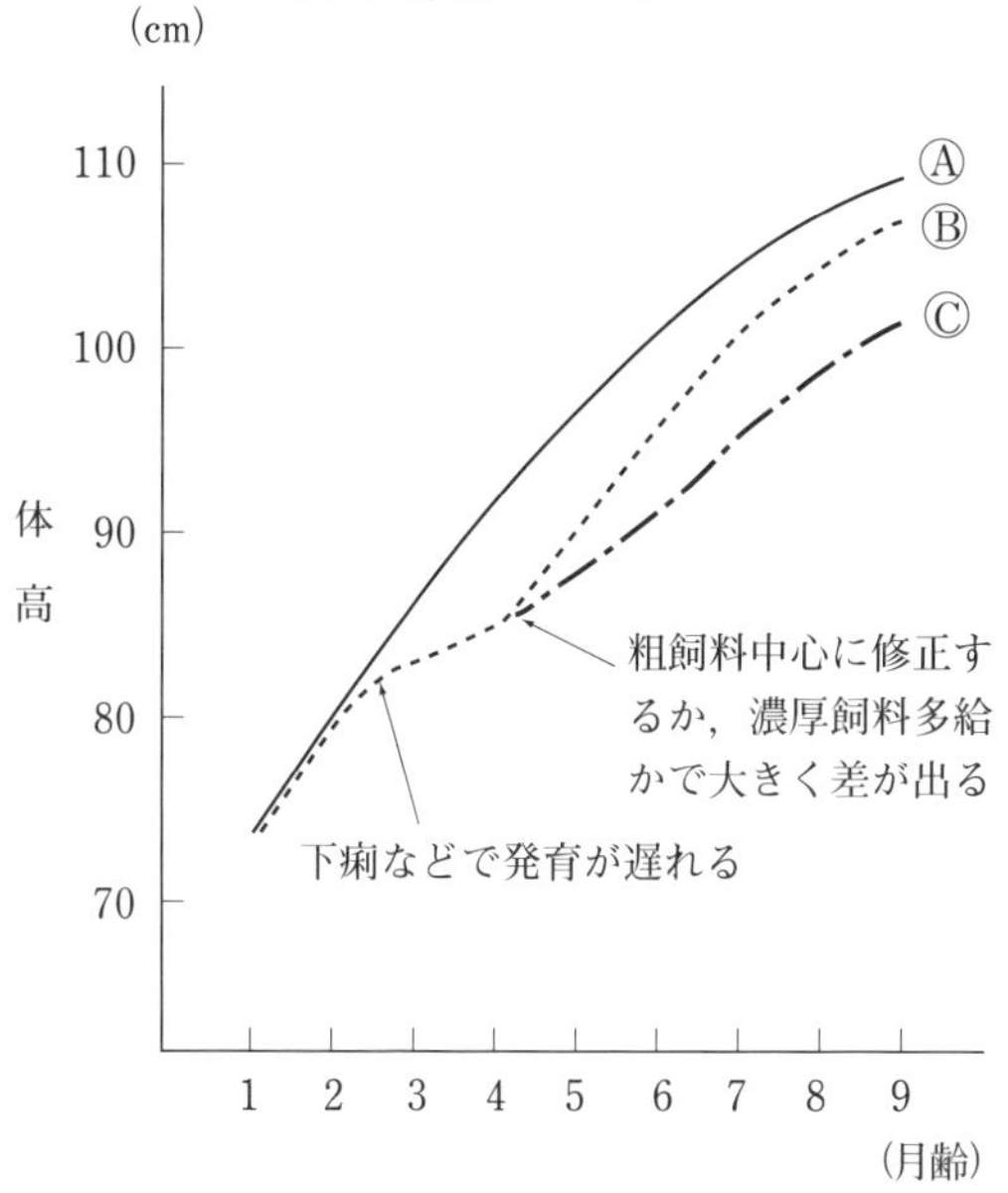

図55　腹づくりがやや不足ぎみの子牛（3～4カ月）

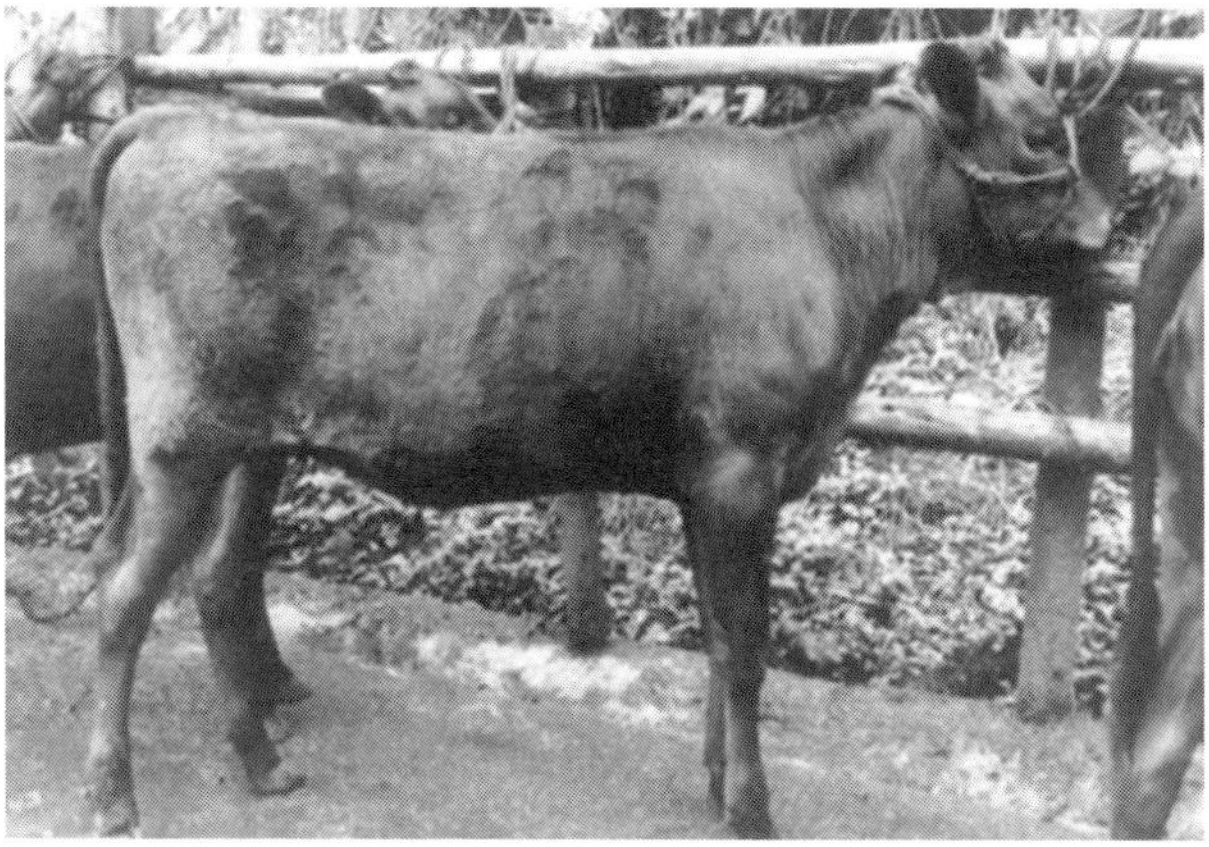

背腰と腹容はよいが肋部の張りがなく，このままではタレ腹になる可能性がある。被毛の艶もよく濃厚飼料の採食量が多い傾向にあるがまだ尾枕がつかず，今から飼いなおしても出荷時までには充分間にあう

勢されるが、去勢されても食欲は雌のほうがある。したがって牛舎が広ければ子牛の性別により、母牛を左右に分け、その間を仕切って雄（去勢）と雌を分離するのが最良の方法である（81ページ図70）が、牛舎が狭い場合は飼料を与えたときだけでも、子牛をつなぐなどして飼料を平等に食べられるように工夫すべきである。また、子牛の月齢が離れている場合も分離する必要がある。

離乳時期は腹のできぐあいで判断

離乳は四カ月から五カ月にかけて行なわれる。離乳の時期の目安としては粗飼料をしっかり食べた胃袋の大きな牛になっているかどうかが重要である。つまり、腹囲と胸囲の差が二〇センチ以上になっていることが第一の条件になる。胃袋ができていないのに離乳するとどうしても下痢をしやすくなるからである。

(5) 出荷二〜三カ月前からの増飼いで最高にする

増飼いは遅れをとりもどす程度

家畜市場に出荷するときが最高の状態にするために出荷二〜三カ月前から体重をつけ始める。それまでの発育の仕方によっていくつかのタイプが考えられる

理想的な発育をしている図56のⒶタイプの牛では無理に増飼いする必要はないと思われる。Ⓑタイプのように発育が遅れぎみだが、正常発育の範囲にある牛は出荷日の、去勢子牛で三カ月前、雌子牛は二カ月前から濃厚飼料を増やし、目標体重に近づけていけば出荷時に間にあう。その場合あまり極端に増やさず、あくまでそれまでの遅れをとりもどす程度にしないとかえって悪くなる。

またⒸタイプのように三カ月までに下痢や病気をさせて、発育が正常発育の範囲より下まわっている牛については、無理な濃厚飼料による増飼いはせずに、出荷月齢が一〜二カ月くらい遅れても粗飼料を充分に食いこませて、腹づくりをしながら徐々に体重をつけていくほうが市場でよい姿となる。

早くつくりすぎると出荷時に悪くなる

生後三〜四カ月までに病気をさせず、粗飼料を充分に食べて胃袋づくりのできた子牛は飼料を多く与えてもよく食べるので、つい濃厚飼料を多く与えがちになる。そうすると出荷より二〜三カ月前に体型、体重とも最高の状態になる。その場合Ⓓタイプのよう

に、被毛が体全体黒くなり尾枕が大きくつくほど太らせすぎると出荷前に食いどまりになり、牛の姿が悪くなって市場価格が安くなる場合がある。

このように早くつくりすぎた子牛を急に飼料を減らして脂肪分を落とそうとしても、その結果が現われるのには最低一カ月くらいはかかる。しかも、筋肉はやせてくるが、尾枕や内臓脂肪などはよほど運動をしないかぎりとれない。牛の姿をよくするには二〜三カ月間はかかるのでとうてい市場には間にあわないことになる。したがって食欲が旺盛になる四カ月齢から七カ月齢までは、体を伸ばすことを重点にして肥らせないことが重要となる。

図56　子牛の飼育方法と体重の変化

Ⓐ 理想的な発育のタイプ
Ⓑ 遅れぎみだが正常発育の範囲内のタイプ
Ⓒ 正常発育の範囲を下まわっているタイプ
Ⓓ 発育がよいので早くつくりすぎたタイプ

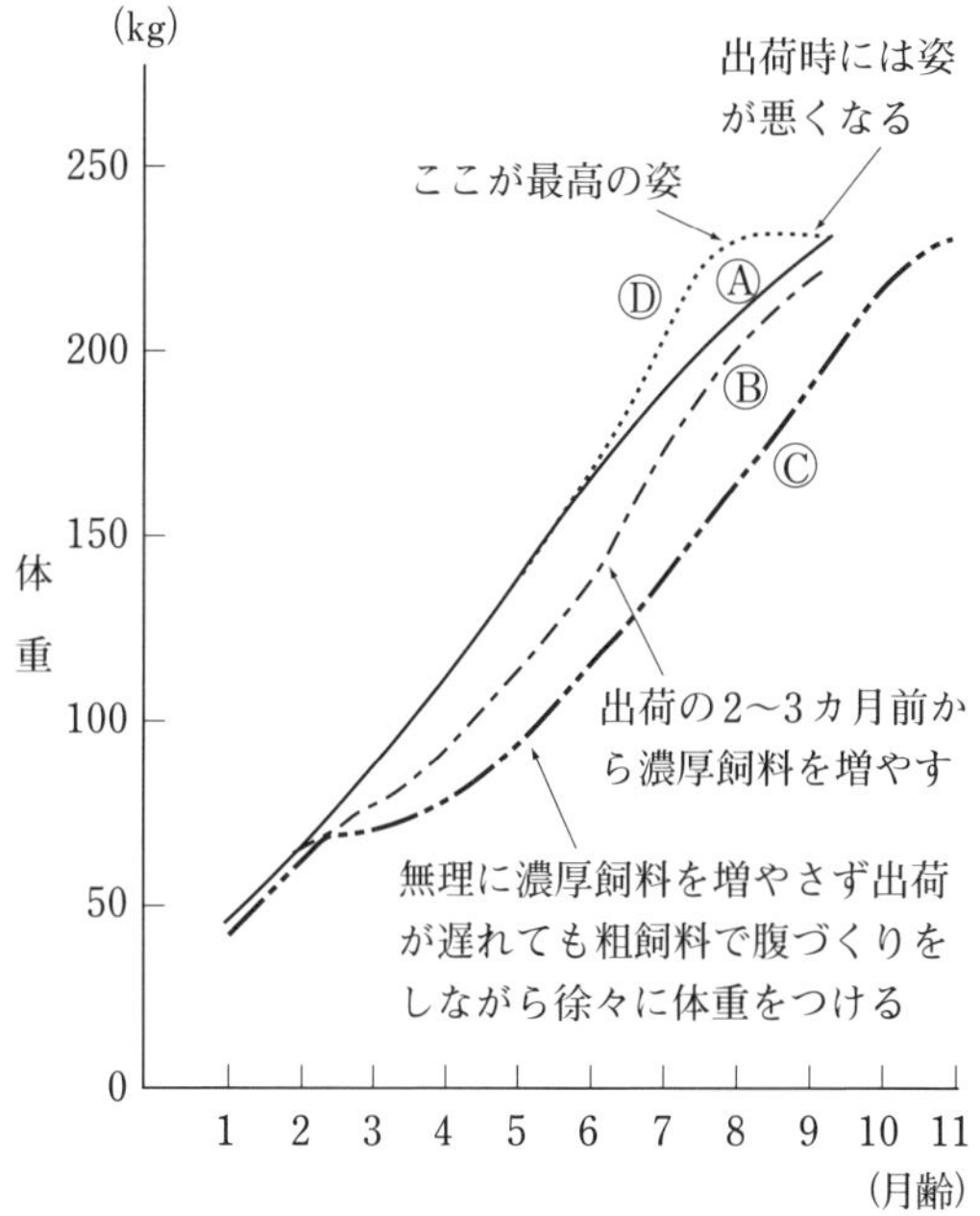

4 販売目的と発育に応じた飼い方

(1) グループ分けの仕方と管理法

グループ分けで能力を引きだす

子牛が四カ月齢くらいになると、①後継牛に保留する牛、②後継牛にはならないが、種牛として売る牛、③肥育素牛として売る牛の三つくらいのグループに分けて飼育することで、さらに牛のもっている能力を引きだし、儲けを多くすることが可能になる。

このような飼い方をするには、生後四～五カ月で離乳して、それぞれのグループ別に子牛を集めて飼えば飼育管理が容易になる。また、グループごとの頭数はこれまでの経験からみて最大六頭までにしないと強弱ができて、子牛の発育にバラツキがみられるようである。

グループ別管理のポイント

自家保留牛　二、三頭のグループにしてできるだけ毎日ブラッシングや引き運動による四肢の鍛練などの個体管理を充分に行なうことが大切である。また、過肥にならないように良質粗飼料を主体とした飼料給与とする。

種畜販売牛　保留牛と同じような飼い方が基本であるが、現状の家畜市場からみると、ある程度の化粧肉をつけることが必要と思われる。

肥育素牛　五、六頭グループとし運動場内の運動で、濃厚飼料を若干多くし、過肥にならない程度の飼い方でよい。

こうした飼い方の実例として但馬地方のある多頭飼育農家（二五～三〇頭）では一月から五月までに集中して分娩させて、離乳を四カ月齢で行ない、一～三月生まれの雄子牛は種雄候補牛と去勢牛、雌子牛は自家保留牛、種牛候補牛と肥育素牛とに分け、四月以降生まれの子牛を一グループにして、全体で五グループに分けて管理している

図57　グループ分けの例

1～3月生まれ	雄	去勢牛
		種雄候補牛
	雌	自家保留・種牛候補牛
		肥育素牛
4月以降生まれ		

（図57）。一見、繁雑なようだが、それぞれの目的に合った牛づくりが可能になり、毎年高い価格で販売している。

図58　理想的に飼養管理された自家保留牛（8カ月齢）

腹容が豊かで体幅もあり尾枕もつかずよく運動しており，肢蹄も力強い

図59　種牛候補牛として販売用に育成された子牛（7カ月齢）

幹旋会に出品し審査を受けている。体幅均様，被毛の艶よく，尾枕が若干ついているがやや余力を残しており，最高の状態に近い子牛

(2) 種雄牛のちがいによっても飼い分ける

子牛の発育は種雄牛によってもちがってくる。例えば増体性のよい種雄牛の子牛（顔が短く口が大きい）は、ある程度ほうっておいても飼料を食べてくれるが、増体性の悪い種雄牛の子牛（顔が長く口が小さい）はあまり食べてくれない。したがって、子牛のグループ分けをするときは、増体性のよい種雄牛の子牛と、増体性の悪い種雄牛の子牛に分けて飼うのがよい。

複合経営、一貫経営などで肥育素牛生産を主に考えた経営の場合には、増体性、産肉形質の優れた種雄牛を選んで交配すれば子牛の発育の仕方が似ているので、同じような飼料給与でも揃った子牛にすることができる。また農家によって頭数が少ない場合には、例えば増体性のよい二〜三の種雄牛に集中して交配をすることで、子牛の発育を揃える方法もある。一方、種牛生産もねらうとなるとある程度いろいろな種雄牛を交配することになるので、四カ月ぐらいで種雄牛ごとのグループ分けして発育をそろえることが必要になってくる。

つまり、子牛を四カ月くらいでグループ分けする場合には、販売目的に応じたグループ分けと、そのなかでの種雄牛ごとのグループ分けも必要になってくる。こうした飼い方をすることにより、よい牛が後継牛として残り、市場でも高く評価される牛ができるようになるのである。

(3) グループ分けの基準は相牛で

四カ月齢ごろから飼い分ける場合、どの牛を後継牛にするかなどの判別は、将来性を見極める相牛（第2章30ページ参照）で行なう。しかし四カ月齢で子牛の目的別に飼い分けるのはむずかしい。自分の目で判別のできない子牛は、指導者や地域の相牛眼の優れた人に相談しながら決めることが大切である。

後継牛は連産性と子育てが第一の条件なので、例えば「肩付きの悪い牛」はいくら系統や発育状態がよくても後継牛とすべきではない。自家生産牛から後継牛を選ぶ場合には、我が家で儲けてくれる体型の牛を選抜し、発育状態が正常範囲内の子牛を残し、次は種牛候補牛とし、残りの牛は肥育素牛とする。

どうしても自分のところに後継牛候補がいない場合には、自分のところの子牛は全部販売して、我が家に合った子牛を購入して後継牛としたほうが儲けにつながる。

5 上手な飼い方の秘訣

(1) こんな工夫で粗飼料を食いこませる

上手な牛の飼い方とは「かゆいところに手がとどく」飼い方のことである。牛の状態をみて何をしてほしいかがすぐわかり、いわゆる「手まめ」をいかに多く食べさせ、しかもどの時期に集中的に食べさせるかにかかっている。子牛は母乳がいちばん好きである。しかし月齢がすすむにつれて栄養分が不足するので濃厚飼料や粗飼料を食べさせなければならないが、なかなか思うようには食べてくれないことが多いものである。

子牛の飼料給与のポイントはいかに食べさせる工夫をするかにかかっている。子牛が一日では食べきれない量を飼槽に入れている農家が多くみられる。これでは夏季や梅雨時期には濃厚飼料が腐敗したり、飼槽が汚れてしまったりする。このような状態では子牛は食欲がなくなる。それどころか下痢などが発生し、発育が遅れる原因ともなる。与えた飼料は食べきれる量か、飼槽をなめる程度の量が最適である。そしてこのような状態が続けば飼料を増量する。このような給与法をとることが食いこませるコツである。また、不断給餌の粗飼料では、子牛がある程度食べると粗飼料を上からおさえつける形になって食べにくくなる。そこで図60のように途中で粗飼料を混ぜて食べやすくするなどの工夫が必要である。いくらいい飼料を与えても、食べ残しが多くては子牛はよくならない。

母乳の不足時には代用乳を飲ませる

生後六〇日ごろまでは生時体重が一カ月に二倍以上になっていれば母乳だけで充分と考えられる。例えば生時体重が二五キロであれば、生後三〇日齢で五〇キロ、六〇日齢で七五キロになっていることである。しかし、母乳量は経産牛では予測がつくものの、未経産牛では判断できない。一般的には哺乳回数が多く、哺乳後に子牛の腹部が大きくならない、太ってこない場合などは、母乳不足と判断して代用乳を飲ませることが良好な発育につながる。給与量は最初一日二～三リットルとし、糞の状態や太りぐあいから増減する。給与期間は乳量により異なるが、二カ月齢前後とし、給与時間は毎日同じにする。

三カ月までは同じ飼槽で競わせる

生後三カ月までは牛としての体ができておらず、早くその素地づくりをする期間である。栄養源の母乳は徐々に不足してくるので子牛はやせぎみになり、濃厚飼料を給与したくなる。しかし、濃厚飼料を肥えるほど与えると体高の発育は抑えられ、伸びなくなる。

生後三カ月までの飼料は、体高の発育と胃の発達を促進する良質な乾草とイナワラを細切りして、生後一〇日目ころからいつでも食べられるように飼

図60　ちょっとした工夫で食べる量が違ってくる

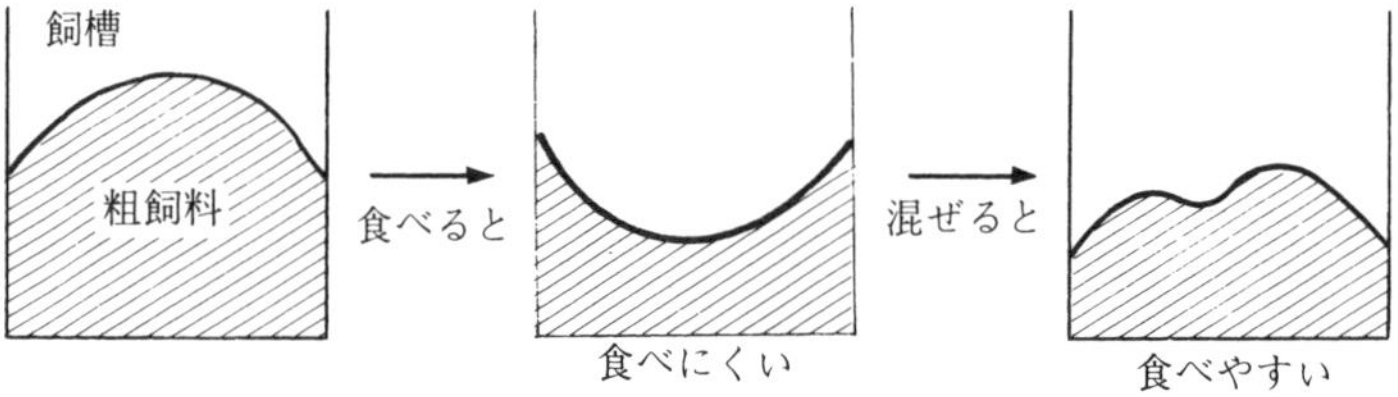

図61　母乳が不足するときは代用乳で

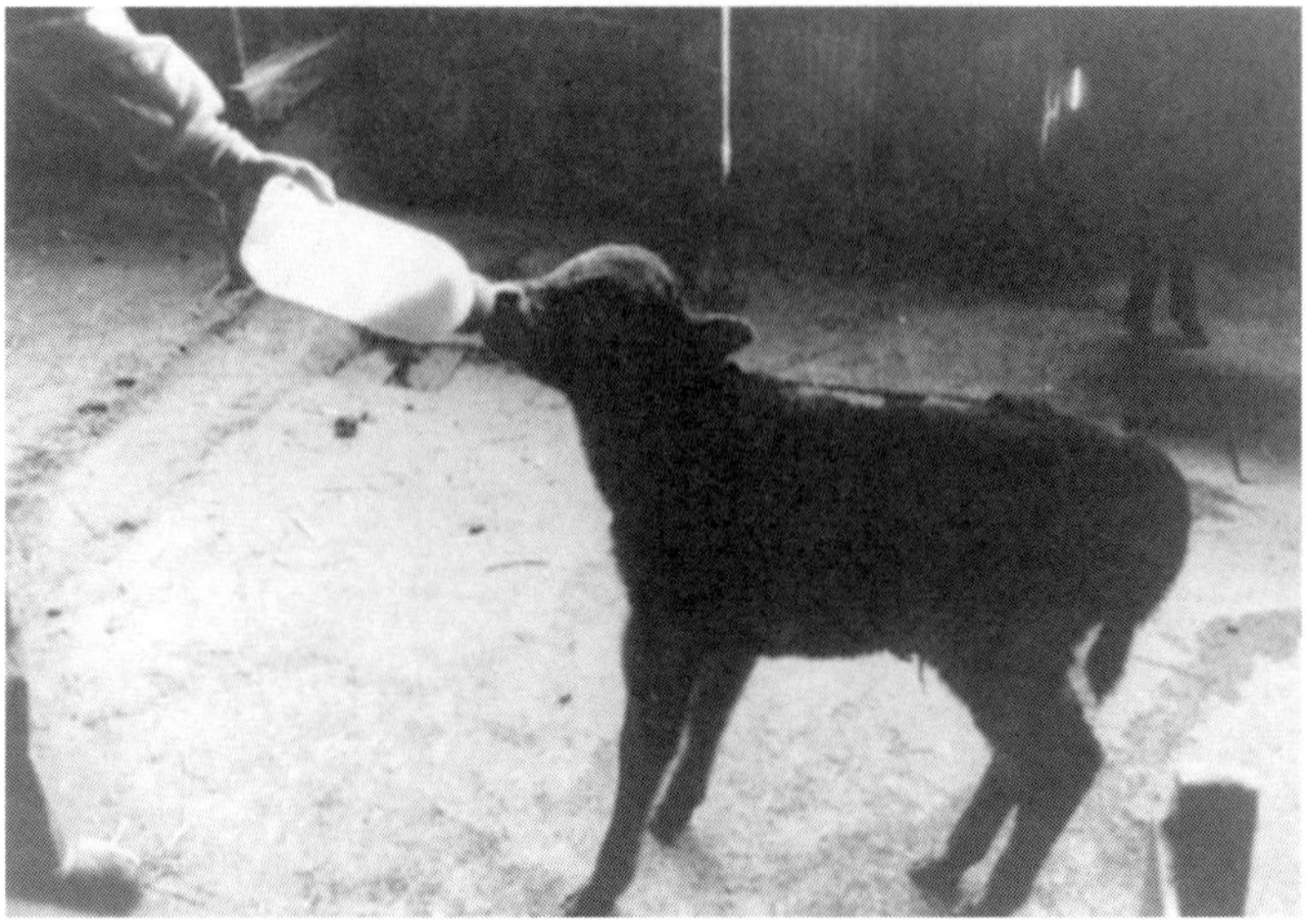

槽に入れておけば充分である。極端に乳量の少ない母牛は別として、乳量の少なめの場合でも、早くても一・五カ月を過ぎてから、一日三〇〇～四〇〇グラムの濃厚飼料を補給する程度でよい発育が得られる。この時期までは子牛に大きな優劣がないので、飼槽は子牛が並ぶといっぱいになるくらいの大きさにして競争させて食べさせるほうがよく食べる。その後は子牛の間に強弱がでるので、二～三割長い飼槽とする。また、発育のバラツキをださないためには、飼料を飼槽に均等に与えることが重要である。もし飼料の採食量が少なければ、哺乳制限する。例えば朝九時から夕方五時までの間は子牛室にとじこめるなどして親子を分離し、哺乳制限を行なって飼料を充分に食べさせることが大切である。

粗飼料が食いこめる濃厚飼料を選ぶ

三カ月を過ぎると母乳も少なくなり、栄養分も不足するので飼料の採食量も増えてくる。またそろそろ販売目的に応じてグループ分けする時期になってくる。生後五～七カ月までの三カ月間は体重が最も大きくなる時期なので、濃厚飼料を増やさなければならない。前述のように尾枕がつくほど与えると子牛は体高が伸びなくなるので、尾枕や赤褐色の被毛が残っているかをみながら増減する。

もしこの時期になっても腹囲が大きくなければ、濃厚飼料は栄養価の高い飼料を用いて少ない給与量で同じ栄養量がとれるようにし、粗飼料を充分食べることができるように工夫する。例えば一日に必要な栄養量を摂取するのに栄養価の高い子牛専用配合飼料を用いれば、量は少なくてすむが、栄養価

図 62　濃厚飼料の栄養価によって食いこめる粗飼料の量が違う

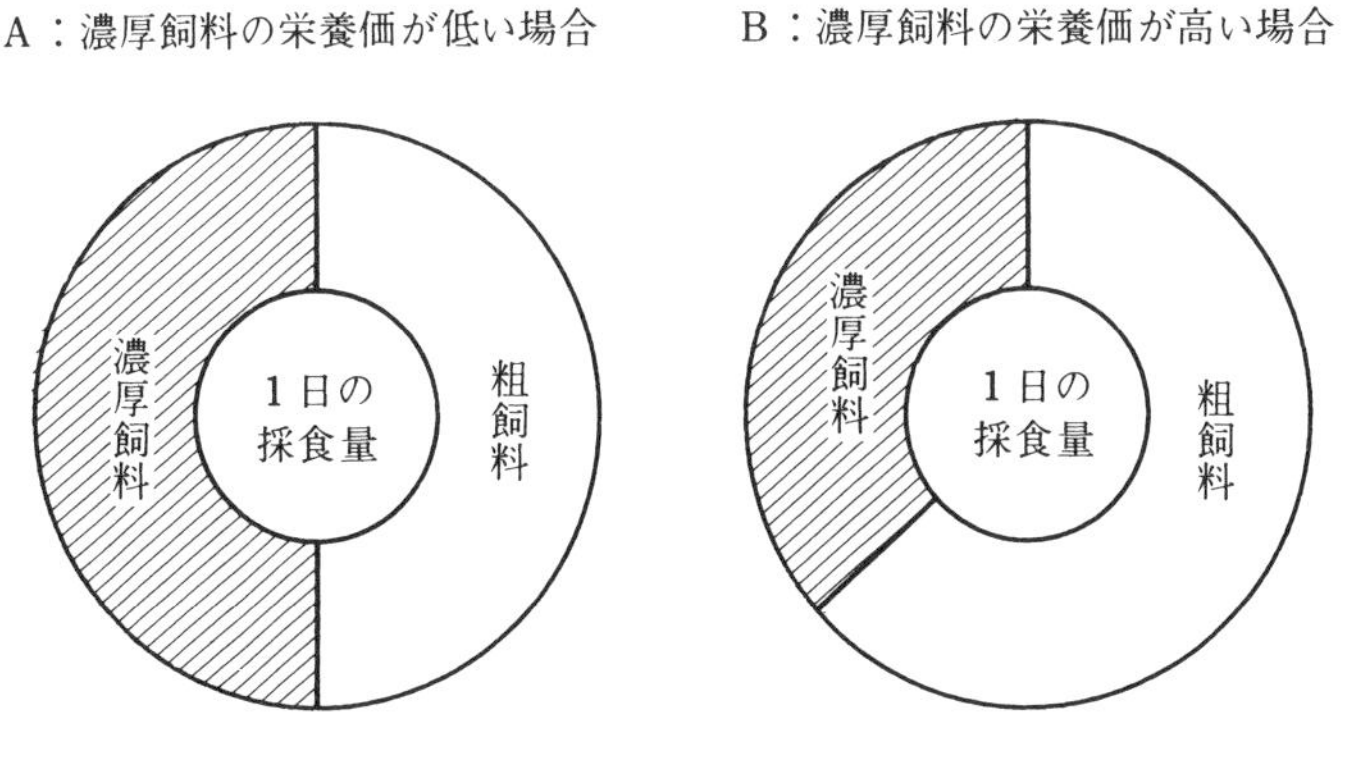

の低い配合飼料を使うと量を多く与えなくてはならない。一日に子牛が食べてくれる飼料の量は決まっているから、濃厚飼料をたくさん食べると粗飼料が食べられなくなってしまう（図62）。

下痢などさせて発育が悪い牛には、最後まで栄養価の高い濃厚飼料を中心にして、粗飼料をしっかり食いこませ、腹づくりもしながら発育もさせる献立にすることが大切である。発育がよく腹づくりができている牛は、栄養価が低い安い濃厚飼料を給与しても粗飼料を充分食べることができる。

このように、常にその段階に応じた発育をしているかをチェックしながら、次の段階の飼料給与に移行していかないと牛はよくならないのである。

飼料は母牛と同様に朝夕二回の制限給与とし、昼、夜間は飼料が飼槽に残っていないほうが徐々に採食量が増える。三カ月を過ぎると子牛に強弱がでてくるので、飼槽は子牛が並んで食べてもさらに二割程度余裕のあるものが必要である。濃厚飼料は市販の配合飼料で充分であるが、タンパク質がやや多め（DCPで一三％以上）のほうが採食量、発育もよいようである。給与量は六カ月前後で、一日一頭当たり雄（去勢）子牛で四〜五キロ前後、雌子牛で三キロ前後与え、その後は子牛の尾枕の状態をみながら増減する。

青草を食べさせると乾草を食べない

粗飼料は六カ月を過ぎると少々青草を加えてもよいが、水分の多い草（一番草）は半乾きにしてイナワラと混ぜることが必要である。とくに水分の多い草を与えると下痢の原因となるとともに肋張りが悪くタレ腹となる（図63）。

しかし、牛は青草を最も好み、子牛はいちど青草を食べると後は乾草を食べなくなる。そこで、母牛に青草を与

図63　青草を与えすぎるとタレ腹になる

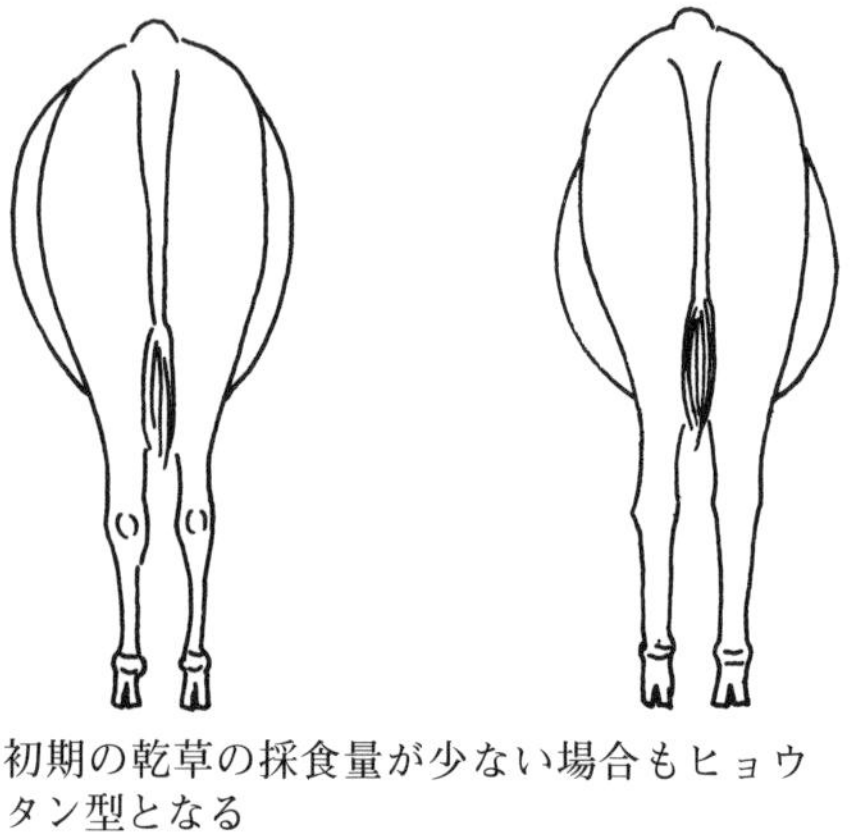

初期の乾草の採食量が少ない場合もヒョウタン型となる

える場合は子牛を隔離したり、母牛の飼槽を高くするなどして子牛が食べられない工夫が必要である。

　また、子牛は乾草のなかでは軟らかい草より硬い草を好む。雨の多い但馬地方では、畦畔の二番草を子牛用として雨にあたらないように朝出して夕方取り入れる作業を毎日行ない、良質の野乾草づくりを心がけている。多頭飼育になると野乾草の確保が困難なため、市販の牧乾草の中からいちばんよい品質のものを数種類購入して給与している。このように子牛の乾草には最大の気を配っている。できることなら野乾草がよく、子牛に活力がありのびのびした感を与える。一頭当たり少なくとも一〇〇キロ程度確保する必要がある。

水はいつでも飲める状態に

昔から「水を飲まない子牛は大きくならない」といわれている。但馬牛の原産地で蔓牛が産出された所には必ず清らかな「わき水」が多く出ていた。子牛は新陳代謝が旺盛で、乳だけでは水分が足りない。ほとんどの農家では弁をおさえて飲むウォーターカップを利用しているが、子牛は三カ月齢くらいにならないと飲むことはできない。流水がないときはバケツに入れるか、市販されているフローシフトのついたウォーターカップを設置して、早くからいつでも水が飲めるようにする必要がある。とくに下痢をすると脱水症状をおこすので水分の補給が大切である。

　子牛の飼料給与の着眼点としては、以下の点が重要である。

①良質な乾草であること。
②濃厚飼料は常に糞の状態を確認しながら徐々に増量する。
③乾草を与え、濃厚飼料は腹（胃）ができてから与え始める。
④給与量の目安は尾枕と赤褐色の被毛が中躯に残っているかを目標にする。
⑤新鮮な水がいつでも飲めること。

(2) 去勢は遅くとも出荷の三カ月前までに

去勢する時期については肥育期間中の発育や肉質などについてさまざまな意見があるが、少なくとも子牛の体重が一〇〇キロ以上になってからがよい。出荷時期を考えるならば去勢した効果（柔らかい毛がでて、丸みのある体型になる）がでるのには約三カ月かかるので、家畜市場出荷日から逆算して行なうことがよいと思う。月齢ばかり気にせず、子牛の発育状態をみて去勢する時期を決めることが大切である。

(3) 細心の気配りで保温につとめる

子牛が下痢や肺炎などの病気をする原因の一つに寒さ、とくに腹が冷えることがある。したがって外気温は低くても、乾燥した敷ワラが充分入れてある子牛室を設ける必要がある（図64）。ところが敷ワラが充分入っているにもかかわらず、子牛が他の場所で寝ていることがある。これは毎日新しい敷ワラを入れてはいるものの、その下に糞尿に汚れた古いワラがあってそれが発酵して悪臭を出しているためである。一週間に一度は敷ワラを全部取り出して子牛室を水洗いし、乾いてから新しいイナワラを敷き替えるなど、保温に注意することが大切である。生後三カ月まではあたたかい「フトン」に寝か

図64　充分に敷ワラを入れた子牛室

子牛はゆっくりとしており気持よさそう

図65　熱線の設置方法

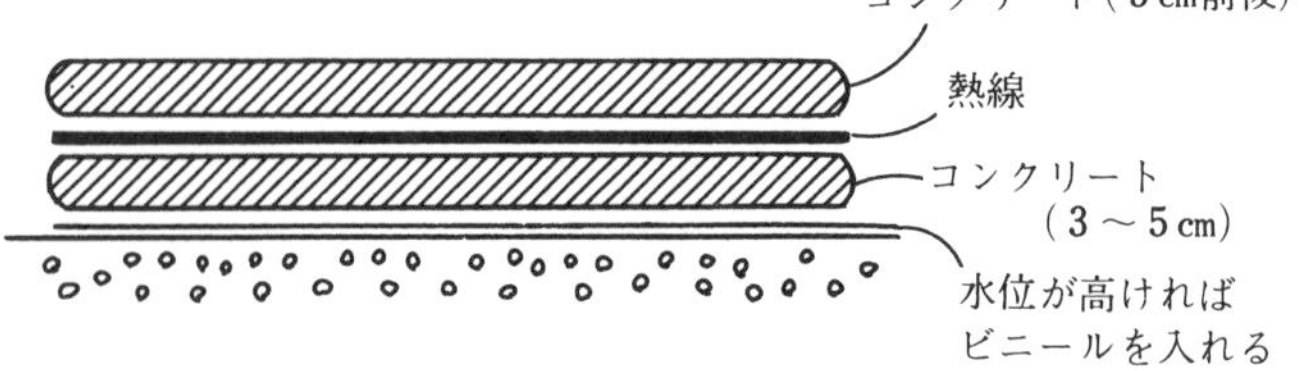

せる気持が必要である。積雪寒冷地域である但馬地方では、図65、66のように子牛室の床に熱源を入れて、朝夕の冷えに備えている農家もある。また簡易な方法として、ゴムマット、板、三～五センチ厚の発泡スチロールなどを子牛が寝る場所のみに敷くことでも対応ができる。

図66　寒冷期には充分敷ワラを入れ，上部より電熱器で加温する

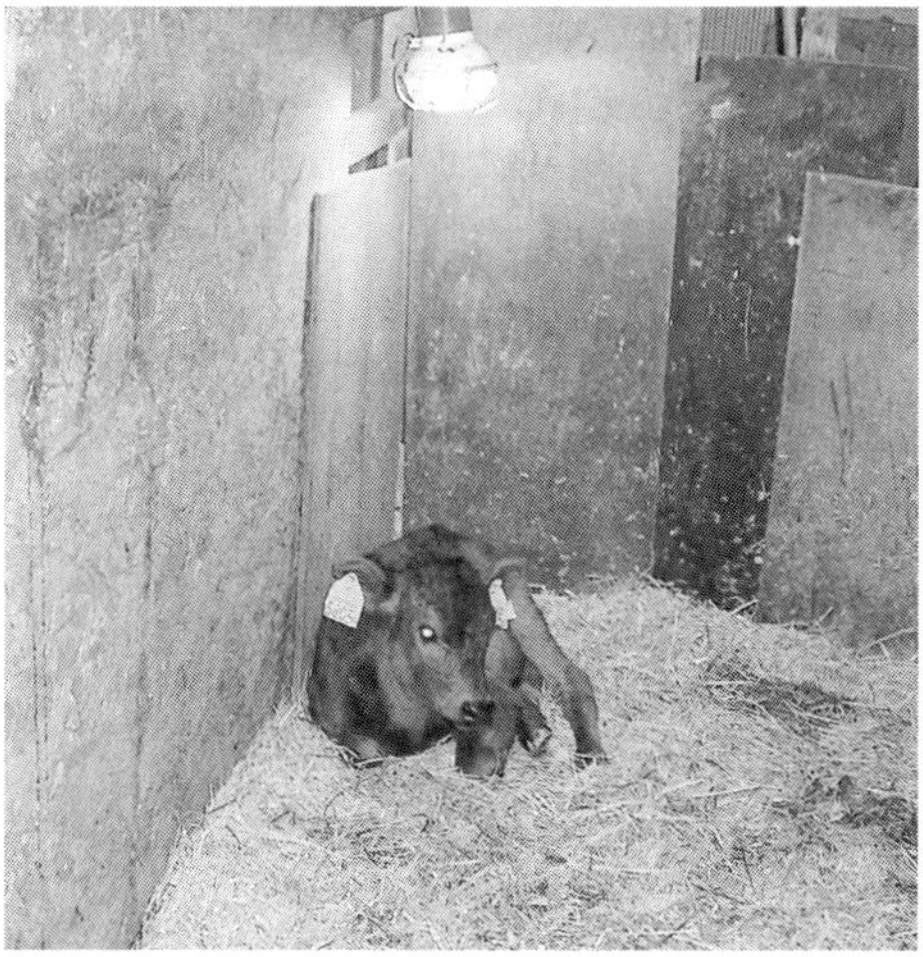

(4) 牛舎構造に合わせた子牛室のつくり方

単房牛舎は一般に一間半（二七〇センチ）四方のものが多いと思う。

単房内に図67の(A)のような仕切りをして子牛室をつくる。つなぎ牛舎の場合は、(B)のように子牛一頭当たり二平方メートル前後の広さを確保して子牛室をつくる。子牛室は牛舎の出入口側に設けると、子牛の観察がしやすくなる（図68）。

牛舎に余裕があり、分娩期間が集中（二カ月間）している場合には、母牛六頭を一セットとして子牛室を設ける。六頭以上にするとどうしても子牛のバラツキがでやすくなる。

逆に牛舎に余裕がなく、分娩時期が分散していて月齢差の大きい子牛が同居する場合には、生後三カ月齢までの子牛には濃厚飼料を食べさせないような工夫が必要である。例えば図69のように濃厚飼料と粗飼料の飼槽を別にして、濃厚飼料の飼槽は月齢の大きい牛だけが食べられるように体高に応じて高くし、粗飼料の飼槽はどの月齢の子牛でも食べられるように低くするとよい。

また、四カ月を過ぎると性別による飼い分けが必要になってくるので、図70のように子牛の性別によって親牛を分け、牛舎内に二カ所の子牛室を設ける。その場合、雄子牛のほうが運動量が多いので、運動場も雄子牛のほうを広くとって仕切るようにする。

図67　子牛室のつくり方

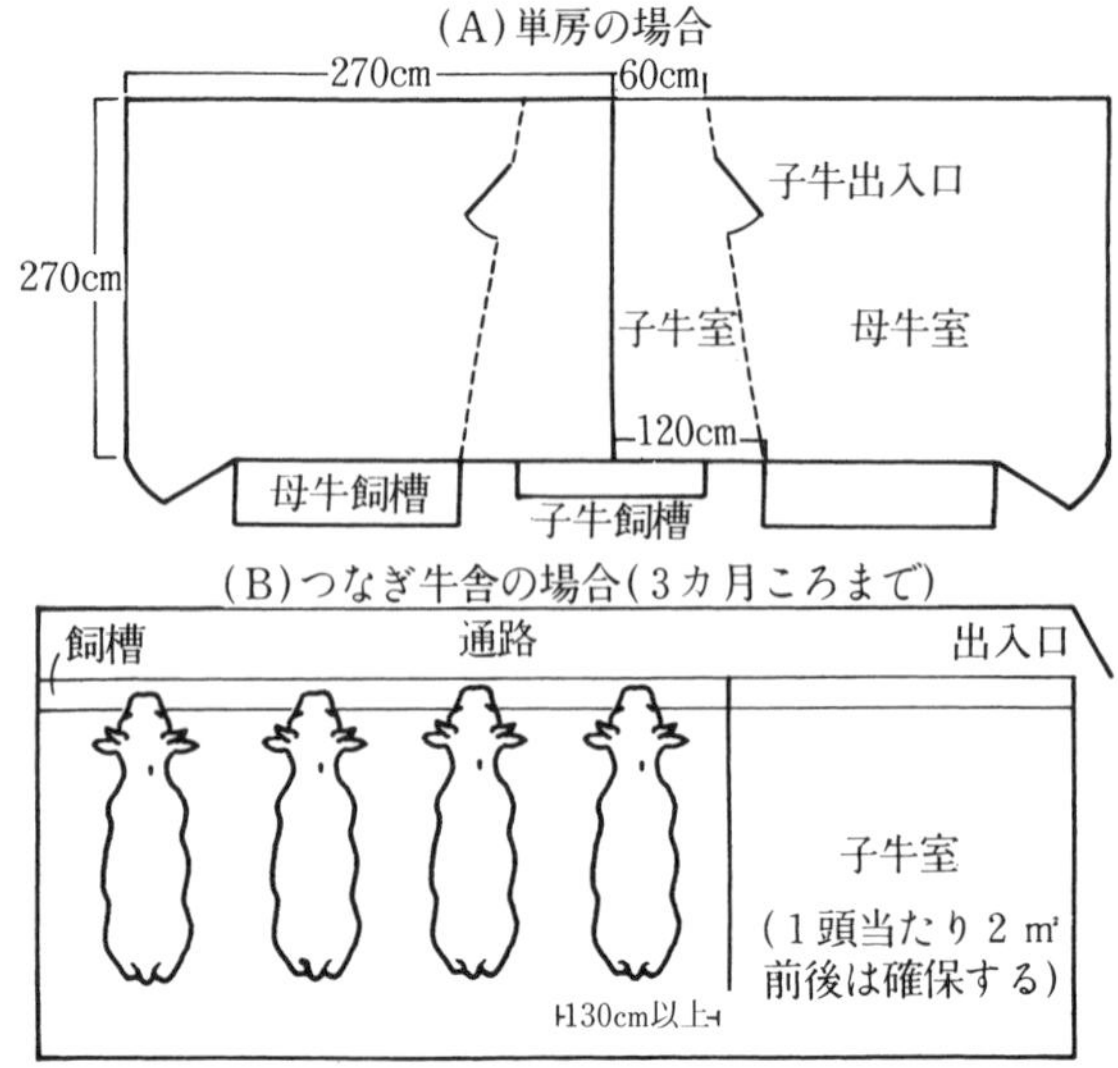

図68　つなぎ牛舎の子牛室
乳を飲み休息しているところ

図69　子牛の月齢差が大きい場合の飼槽の工夫
――小さい子牛が濃厚飼料を食べないように――

図70　4カ月以降の子牛室のつくり方

（A）少頭数牛舎の場合

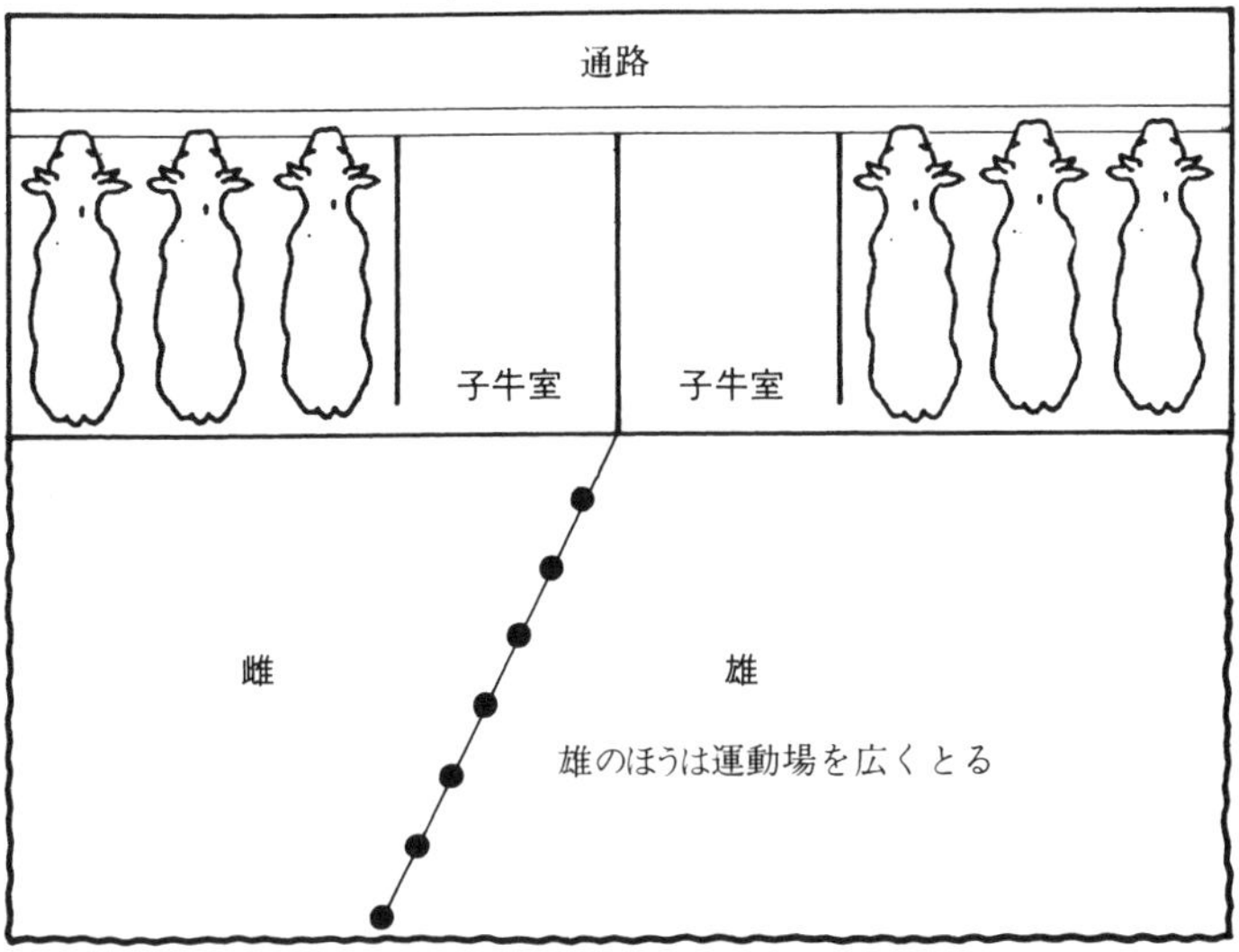

（B）多頭牛舎の場合

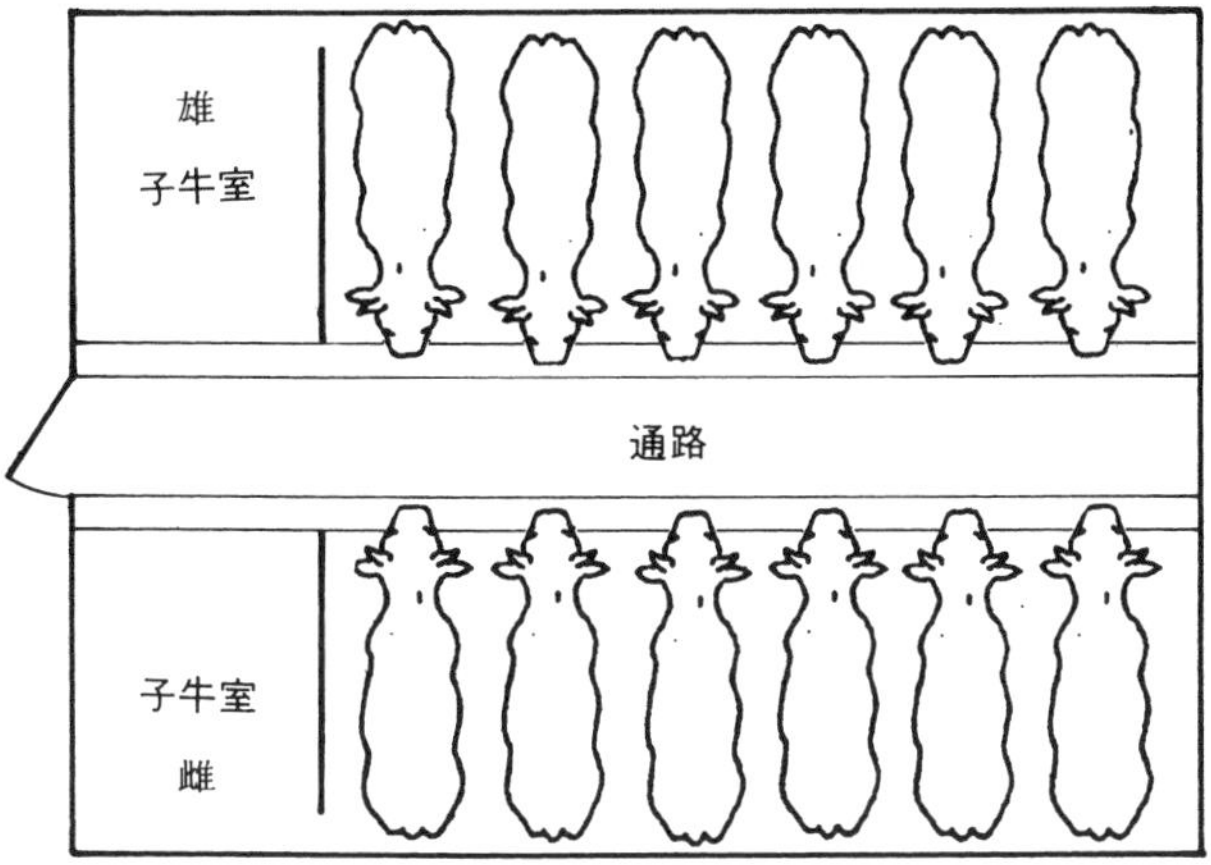

6　発育ステージ別の飼養管理の要点

(1)　自然哺乳による育成

1 分娩前から出生後まで（早期の初乳哺乳を）

新生子牛（生後七日齢以内）の死亡事故は生後二四時間以内に多発している。これらの事故の原因は無看護分娩による難産、起立不能、虚弱子牛などで自力で哺乳できないことによる。このため、分娩時には必ず看護を行なう必要があるが、朝夕二回の給与では夜間分娩が六〇％以上になり、これが事故の一因となっている。これを防ぐため昼間分娩技術が解明され、分娩予定一〇日前頃から夕餌に一日の給与量を全量給与し、翌朝残餌があれば取り除き、夕餌まで無給与することにより九〇％以上が昼間分娩をするようになる。

分娩時における飼養管理は分娩予定日の一週間前には分娩牛房を清浄・消毒を行ない、母牛は全身清潔にして敷料を充分に入れて分娩を待つ。そして分娩の徴候がみられたら再度乳房をきれいにする。微弱陣痛など難産が予測される異常分娩を発見したら必ず獣医師の診断を受ける必要がある。また正常分娩時に無理な助産をすることは子牛の発育や母牛の分娩後の繁殖成績に悪影響を及ぼすことがあるので、つつしむ必要がある。

分娩後の子牛には病原菌などに対する抵抗力がないため、早期に初乳を摂取させ免疫グロブリンを獲得させることが重要である。免疫グロブリン濃度は分娩直後が最高値となり二～一二時間で急激に低下するため、遅くとも分娩後二時間以内に哺乳させる必要がある。また、初乳中の免疫グロブリン濃度は初産では少なく、産次を経るにつれて増加する。免疫グロブリンの最低必要量は五〇〇グラム以上だが、できるだけ多くの量を持続的に摂取させることが大切で、そのことにより抵抗力が増加する。さらに、子牛が虚弱であったり難産など、あるいは母牛が衰弱したり、母性行動をしないといったことから哺乳がむずかしいことがある。このような場合に備えて初乳を凍結保存しておくとよい。乳牛の経産牛初乳を五〇〇～一〇〇〇ミリリットルの容器に分注し、冷凍保存しておくのである。使用時は温湯で徐々に解凍し体温程度にして哺乳させる。また、市販の初乳製剤もある。正常分娩で哺乳不能の主な原因として胎便停滞があり（子牛が苦しそうに泣く）、肛門の下を指でこするか、浣腸して胎便を排出する（117ページ図96）。

母性行動をしないときは、まず子牛に濃厚飼料を振りかけるなどを行ない、それでもなめない場合は敷ワラや乾いた布でふき取り、臍帯を二%ヨードチンキか七%ヨード液で消毒する。初産などで興奮して哺乳を嫌う場合など興奮を抑えるためには清酒を五〇〇ミリリットル程度飲ませると、約一時間後におとなしくなった経験がある。

繁殖経営での収益は子牛であり、分娩事故は避けなければならない。少しでも異常がみられたら獣医師に連絡し診療を受けるなど、細心の注意をはらって看護することが重要である。

2 生後三カ月齢まで
（胃の発達と四肢の鍛練を）

この期間の目標は前述のとおり子牛の育成にとって最も重要な時期で、将来が決まるといっても過言ではない。すなわち体高と胃の発達、四肢の鍛練を重視した飼養法と疾病を未然に防ぐ管理法が基本である。

子牛の栄養は、初期では母牛の泌乳能力、後期では給与飼料に依存している。発育に必要な栄養分は哺乳量から約二カ月間は八〇%程度摂取できるので、不足分は軟らかい良質乾草主体で補い、濃厚飼料は少量とするのが基本である。しかし、母牛の泌乳能力の違いや、寒冷期はエネルギーの損耗が激しいので、子牛の被毛をみながら給与量を増減する。ただし、全身の被毛が黒くて艶がよくなったり、体型が丸くなるようでは体高の発育が抑制されるので、若干やせぎみの状態が望ましい。また、早期より朝夕二回の制限給与にすることで飼料摂取量の増加が期待できる。

三カ月齢時の濃厚飼料は一日二キロ程度とする。粗飼料の摂取量が一日一キロ以上になれば胸囲と腹囲の差が一五センチ以上となり、反芻胃の発達が促進されていると推察されるので、経時ごとに測定して胃の発達状態を確認する。胃の発達が不十分と判断した場合には濃厚飼料の過給はさけ、胃袋づくりを優先した飼料給与を行なう。また、飼料摂取量の増減は飲水量により大きく異なるので、新鮮な水の給与が大切である。なお、寒冷期は温かい水の給与が必要である。

管理面では分娩牛房での飼養は遅くとも一カ月齢までで、その後は群管理に移行する。これに伴って環境が大きく変わるが、子牛はそれに対応することが不充分な時期であるため、特別な看護を行なって外界に馴らすことが必要である。また、飼料摂取量の増加、管理の合理化、疾病の発生防止などに子牛とのふれあいの時間をできるだけ多くもつことを心がけるべきである。このために、余裕のある子牛専用室で敷料を充分入れて清潔にすることである。また、群管理では六〜八頭程度が観察上容易であること、月齢差が二カ月間以内にすることなどが注意点としてあげられる。また、この時期が運動量が最も多く、骨格の発達、四肢の鍛練、食欲などを促進させるために自由に出入りでき、走り廻ることができる広い運動場（幅は狭くても長いスペースが最良）が不可欠である。

疾病は下痢と肺炎とが多くみられるが、早期に発見して獣医師の診療を受けることが原則である。下痢の発見は便の性状（色）から見分ける。正常であれば生後では黒色で粘り気のある胎便、二〜三日後では黄色便を帯びた初乳便、七日以後では普通の褐色便となるので、便の色や軟らかさなどが変われば下痢と予測する（感染性下痢症の便の性状は表4のとおり）。下痢便を発見したら子牛の肛門の下をさすって強制排便をさせ、個体確認をする。また、下痢が長期間続いたときに、その治療として断乳（母乳を飲ませない）すると治る場合がある。これは乳質不良によるもので単一飼料によるビタミン、ミネラル不足、分娩前後のエネルギー、繊維素不足などにより発生する。したがって、母牛に対して、分娩前から離乳までの期間は、繁殖生理にあったバランスのよい飼料給与を行なうことが子牛の下痢予防につながることを忘れてはならない。

表4　感染性下痢症の糞便

分　類	便の性状
牛コロナウイルス病	乳白色〜黄色。水様
牛ロタウイルス病	灰白黄色，淡黄緑色，乳黄色，水様，ときに血便
牛大腸菌性下痢症	水様
白　痢	酸臭ある黄白色，水様または灰白色泥状
牛サルモネラ菌	悪臭ある黄白色または粘血便
コクシジウム症	急性な粘血便

元気な子牛の姿とは、常に動き廻ること、二〜三時間横たわり起きると大きく背を伸ばすこと、寝るときは四肢を横にして脚を投げ出すこと、尾を腹の下に入れていることなどで判断できる。

③三カ月齢から離乳時まで（胃の発達と体の伸びを）

この期間の目標は胃の発達をさらに

促進させ、体の伸びをつくり、離乳に向けての準備をすることである。さらに肥育素牛となる雄子牛は去勢をする時期でもある。

この時期の哺乳量は徐々に少なくなるが、とくに泌乳能力の悪い母牛は極端に減少する。したがって、発育に必要な栄養分は飼料の摂取が主体となる。正常に発達した胃は成牛の消化機能に近い働きをするので、濃厚飼料の過食による下痢と過肥に注意が必要である。また、飼料の摂取量が少ない場合は哺乳を制限する。例えば、昼間隔離して夜間のみ哺乳させるといったことにより、飼料摂取量の増加が期待できる。

飼料給与量は順次増加させるが、体が丸くなり均称がよく尾枕がつくような体型になっては体高の発育が停滞する。若干やせぎみで腹容がありやや長脚に見え、体にゆとりのある体型が望ましい。離乳時で濃厚飼料は雄子牛では一日三キロ程度、雌子牛は食欲旺盛なので二キロ程度とするが、系統、体質などにより増減が必要である。粗飼料は少なくとも一日二キロ以上摂取させ、やや繊維質の多い硬い乾草を給与する。牛舎面積に余裕があれば雄・雌別の子牛室をつくり、飼料給与は朝夕二回給与とし、採食量を促進させるため給与後二時間程度で残餌があれば取り除き、次回給与まで餌槽には飼料がない状態にするか、食べきる程度の給与量にする。

管理面では三カ月齢までとほぼ同様だが、子牛室は発育に応じた余裕のある面積が必要となる。

離乳時期は飼料の摂取量が目安となるが、胃の発達が充分行なわれており、胸囲と腹囲の差が二五センチ以上になっていることが重要である。また、不幸にして疾病などで発育が遅れた子牛は、離乳時期が遅れても体高と胃の発達を重視した飼料給与を行なうことである。体重を考慮した飼料給与では、その後の発育に悪影響を及ぼすことになる。

4 離乳時から家畜市場出荷まで（販売目的に応じた飼養を）

この時期の目標は、販売目的に応じた理想とする体型をつくるための飼養管理を行なうことである。そのためにはまず雄（去勢）と雌子牛との性別を区分し、さらに種牛候補牛と肥育素牛候補牛にグループ分けをして飼養管理する。

種牛候補牛では、濃厚飼料の給与は制限し一日三～四キロ程度とし、粗飼料の摂取量を促進し、伸びとゆとりがあり腹容の大きな子牛に育てる。肥育素牛候補牛では、現状の家畜市場での子牛価格は体重による影響が強いため、過肥にする傾向がみられるが、これはその後の生産性に悪影響を及ぼしている。このため粗飼料の摂取量に影響のない範囲内で、濃厚飼料は去勢牛では順次増量し一日四～五キロ、雌子牛では三～四キロとし、活力があり（余力のある）体幅のある子牛に育てる。なお、飼料給与量の増減により体型に変化が現われ始めるのは給与後約一カ月間かかるので、家畜市場出荷三カ月前の状態により給与量を調整する。

管理面では種牛候補牛は引き運動かつなぎ運動による四肢の鍛練およびブラッシングと定期的に蹄の手入れなどの個体管理を行なう。とくに種雄候補牛は入念な管理が必要である。肥育候補牛は二カ月齢の範囲で五～六頭（家畜市場出荷月齢別）の群管理とし、パドック運動と定期的な個体管理を行なう。このように販売目的に応じた管理をするためには多くの牛房が必要となるため、専業農家では離乳後に妊娠した母牛は里山放牧などを行ない牛舎面積を確保している。

(2) 代用乳哺育による育成

超早期親子分離（生後七日間程度）による飼育方法も増加し、子牛の発育促進と受胎率の向上がみられる。子牛用代用乳の給与体系はほぼ確立されているが、体型上、体の伸びや肢蹄の強さが不足していると思われる子牛がみられる。これらの多くは離乳までの子牛室面積（運動場も含む）が狭く、走り廻れないことに起因している（図71）ので、広い子牛室をもうけることが必要である（図72）。また、代用乳の給与量は生時体重で考慮されているが、全頭一律にせず発育状態により給与回数、離乳時期さらには体型のタイプ別（体質）による発育速度のちがいなども勘案した、我が家独自の給与体系を確立する必要がある。

代用乳哺乳には哺乳瓶などと自動哺乳機（ロボット哺乳）があるが、とくに後者の場合、哺乳中に他の子牛がいたずらすることで給与量を飲まないことがあるので、子牛の栄養状態を充分観察する必要がある。代用乳離乳時期は人工乳（濃厚飼料）を最低一日一キロ以上摂取することが条件とされているが、自然哺乳と同様に胸囲と腹囲との差を重視した離乳時期の設定が必要である。なお、離乳後に発育に必要な栄養分の摂取量が不足すると一カ月後に「タレ腹」の状態となり（図73）、それを取り戻すには約一カ月が必要となる。これらのことから代用乳離乳時期は三カ月齢以上が望ましいと考えている。

離乳後は自然哺乳と同様の飼料給与

と管理を行なう。

(3) 栄養状態と被毛色との関係

子牛の出生児は全身が黒い毛で覆われているが、一週間程度経過すると全身が赤褐色の毛になる。その後、乳量や飼料の摂取量が増加するにつれて頭部から後躯に向けて黒い毛になる。そして尾枕がつく過肥の状態になると全身が黒い毛におおわれ、栄養状態が悪くなると後躯から頭部に向けて赤褐色の毛になる。このように栄養状態により被毛の色が変化するので、適正な飼料給与の目安となる。なお、粗飼料を多給すると長い毛が全身を覆うので判別することができる。月齢ごとの適正な栄養状態の目安となる被毛の変化は、次のとおりである。

・生時には全身黒毛でおおわれているが、一週間前後には全身赤褐色になる。

・生後一カ月齢時は乳量の多い場合は

図71　狭い柵内での哺育は，体の伸びが不足し，運動不足からヒジ立ちが悪くなることが多い

図72　運動場のある代用乳哺乳

哺乳柵（長さ2m，幅45cm）運動場，子牛室を設けゆったりと哺育（6頭セット）。自然哺乳と同様，発育は順調

図73　離乳後飼料摂取量が少なくタレ腹になった子牛

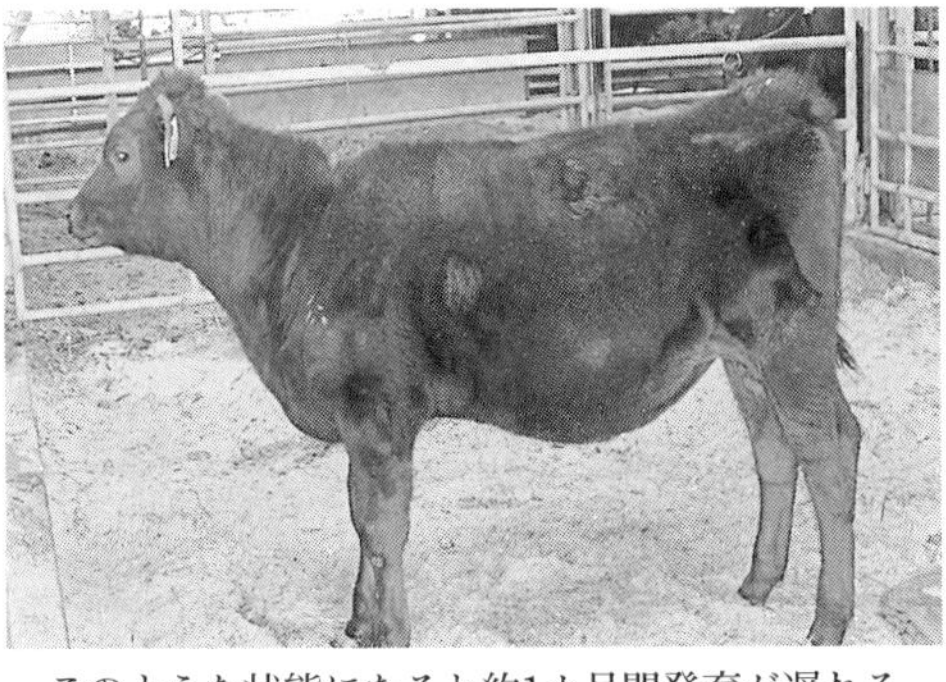

このような状態になると約1カ月間発育が遅れる

眼の周りと背線が黒毛に変わり、他の部位は赤褐色。

・生後三カ月齢時は中躯より後部に艶のある赤褐色毛を残す。

・生後三カ月齢から市場出荷三カ月齢前までは三カ月齢と同様の被毛とする。この時期に全身が黒褐色になると発育が停滞する。

・市場出荷三カ月齢前から徐々に給与量を増加し出荷時には中躯に若干赤褐色を残す。

図74　月齢ごとの栄養状態の目安

①生後25日齢，眼の周りが黒毛に変わっている

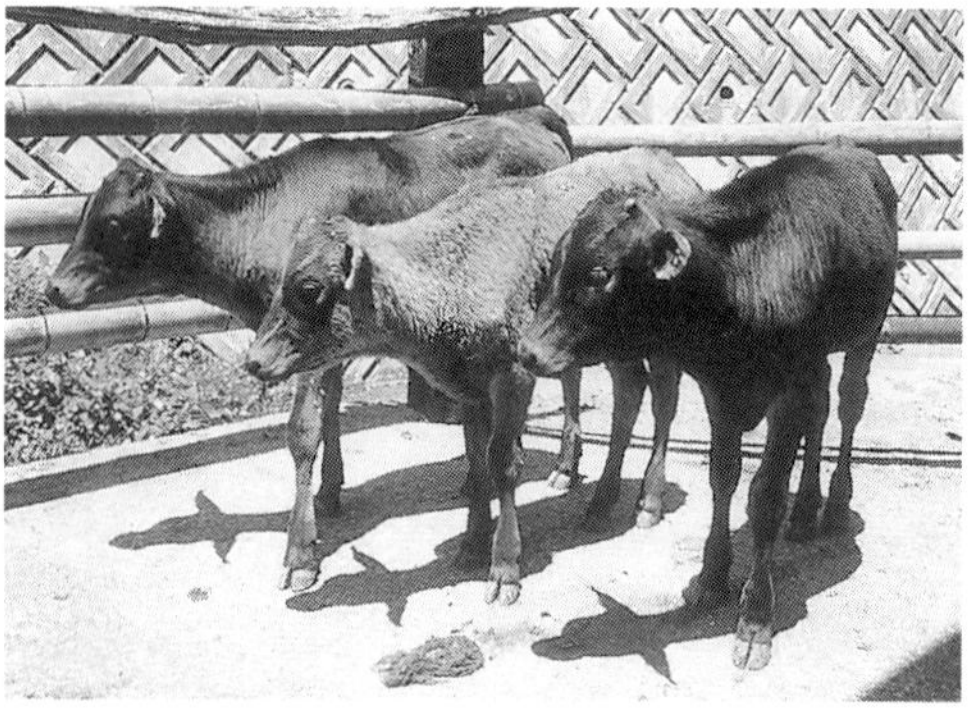

②生後３カ月齢
右手前：栄養過多。全身黒毛
中：栄養不足。全身赤褐色毛
左奥：理想的な被毛色

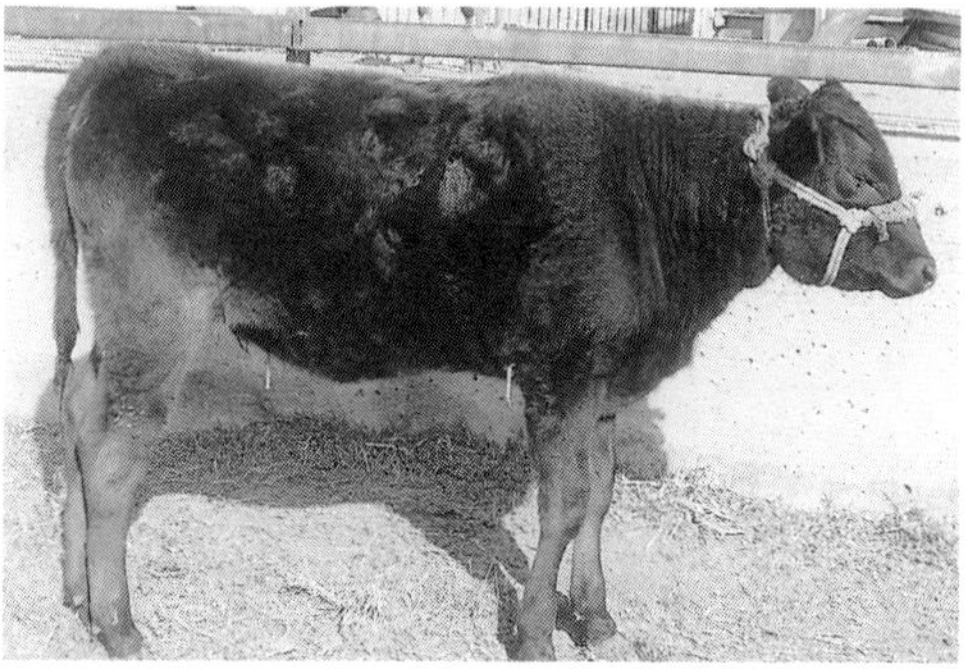

③生後５カ月齢
中躯に赤褐色の被毛が残り，体幅もあり順調に発育している。４～６カ月齢はこのような状態で

第4章

育成牛の飼い方

1 優れた牛を途中で悪くしていないか

図75　肋張りのある育成牛

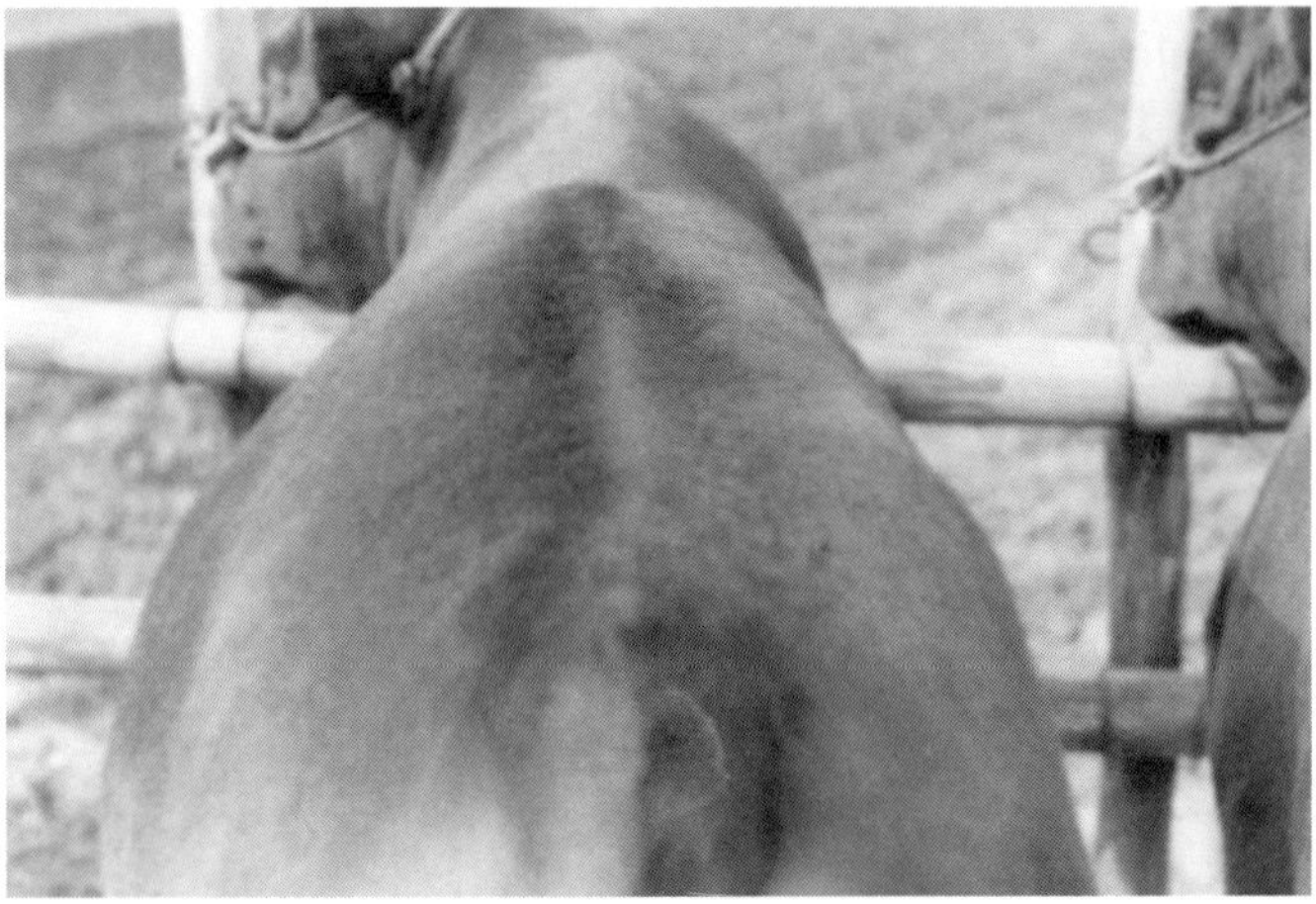

育成牛は子牛の中から、後継牛として選ばれた約二割の牛であるから、姿、発育、血統などが優れた将来性のある牛といえる。導入と自家保留では育成のスタートはちがうが、発育は標準かそれ以上の牛と考えてよい。こうしたよい牛を連産性に富む後継牛に育てあげることができるかどうかは、ひとえに育成時期の飼料給与にかかっている。

育成牛の飼い方の基本は「当歳でしめて、二歳でゆるめ」と言われている。すなわち、十二カ月齢までは骨格と胃（内臓）の発達を重視した粗飼料主体での飼育、その後は筋肉の発達、

図76　育成牛の発育と飼い方

月齢	10　12　14　16　18　20　22　24　26
発育の目安と飼い方のポイント	〈初期〉　〈性周期正常になる〉←発情が不明瞭になる→←脂肪の蓄積がさかんになる 導入牛を慣らす　〈発情のチェック〉　←飼料の切り替え（濃厚飼料を減少）　←分娩後多給
管理	←授精→　〈共進会〉←登録審査→　←分娩→
粗飼料	青草に切りかえるときは水分の少ないもの ｜ 水分の多い青草はひかえめにイナワラと混合
濃厚飼料	・配合 50%　・フスマ40%　・麦 10% ｜ ・大豆カス　・魚粉　300～500g〈3～4kg〉 ｜ ・配合 30%　・フスマ 70%〈2～3kg〉 大豆カスか魚粉のいずれかを増飼

繁殖機能を高めるために濃厚飼料を増量する飼い方である。自家保留牛ではこのような飼い方ができるが、購入牛では市場性から肥えた牛が多く、逆の飼い方になりがちである。濃厚飼料を制限すると筋肉は減るが、脂肪は強い運動をしないとなくならないので、発育と繁殖に必要な栄養分は給与しなければならない。

この時期は、授精、共進会、登録審査、分娩ともっとも仕事が集中しており、これらの仕事をいかに乗り越えて、一人前の母牛にしていくかが大きな課題となる。

とくに共進会、登録審査、分娩の前はどうしても濃厚飼料を多く与え、過肥にしがちである。これらの時期に過肥にしてしまうと、脂肪の蓄積がさかんになってきているだけに、脂肪を落とすのは非常に困難になり、最悪の場合は廃用につながりかねない。母牛としての使命である連産性と、子牛の生時体重や泌乳量を決定づける最終段階なので、飼料の給与には細心の配慮が必要である。

共進会の上位牛は初産時に生時体重が小さく、乳量が少ないとよくいわれる。過肥による脂肪蓄積によりこのようなことが起こると考えられる。逆に、最近の研究では育成期に増体量が多少悪くてもその影響は初産のみで、二産以降には影響がないことが報告されている。

生後二〇カ月ころの外観は、牛によって多少の個体差はあるが、皮下脂肪がなく粗飼料で太った、いわゆる「堅肥え」をしており、後ろからみると肋張りがあり、腹容が豊かな体型が理想である（図75）。

2　発育のとらえ方と飼い方のポイント

(1) 脂肪の蓄積がピーク

育成期間中の体各部位の発育値については、全国和牛登録協会の数値がある。体各部位が成熟するまでの月齢は図77のとおりで、体高や十字部高は三〇カ月前後で最も速く、腰角幅が六五カ月と遅い。他の部位は四五カ月前後となり、ほぼ四歳になると牛の体ができ上がることになる。

体の発育ではまだ胃が充分に発達しておらず、一二カ月齢では成牛の七割程度の発達である。また筋肉が発達する時期でもあり、二〇カ月齢ころになると、脂肪の蓄積もさかんになる。一般に二四カ月前後がいちばん脂肪の蓄

図77　雌牛の体各部位の成熟率（但馬牛）

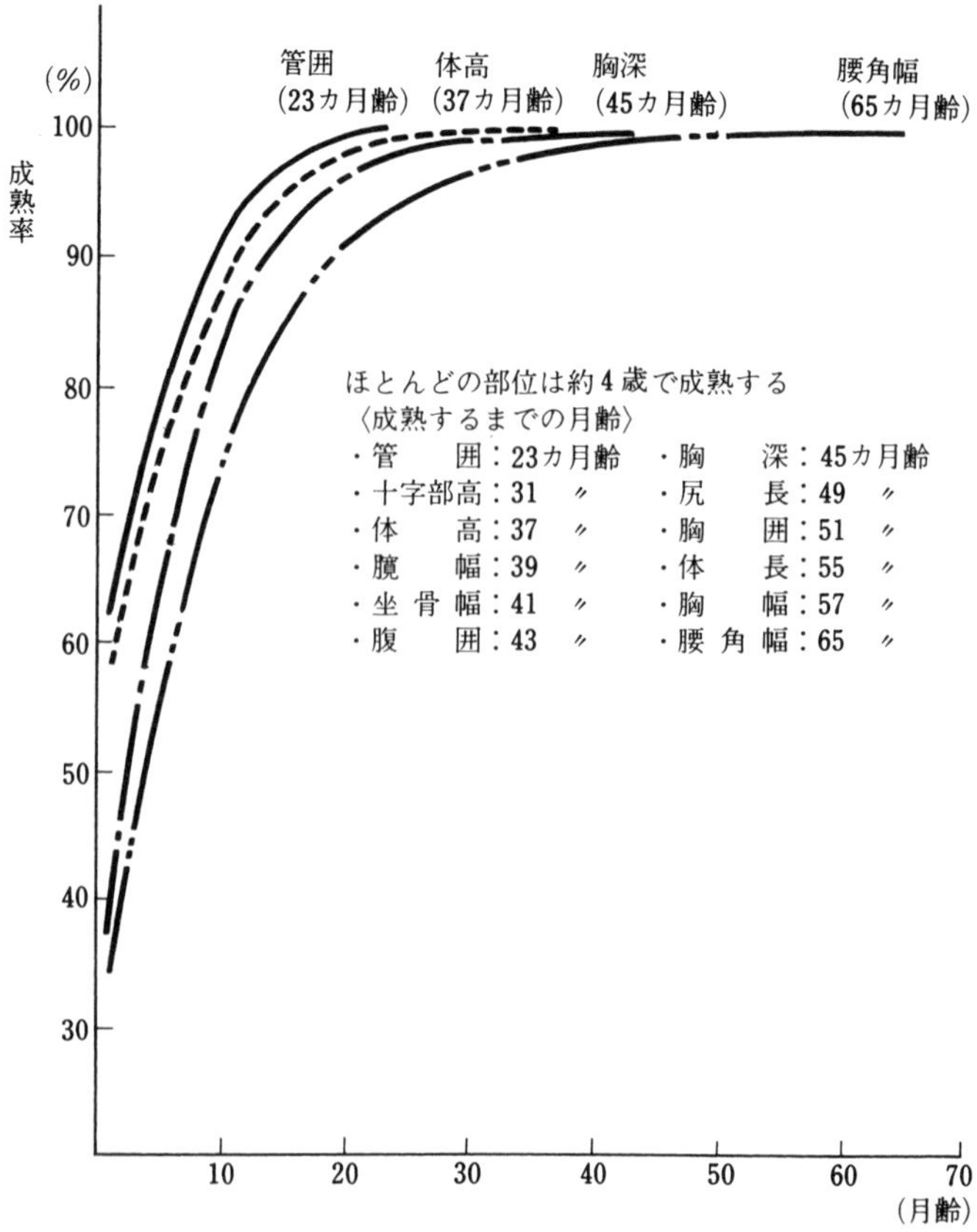

積が多くなるといわれていたが、最近では牛の発育が良好になり、二〇～二二カ月がピークになっているのではないかと思われる。このように高栄養、高タンパクの飼料が要求され濃厚飼料の給与量が多くなるが、肥やしすぎないことが肝心である。

(2) 初産分娩は二四カ月齢を目標に

授精時期は体高が一一五センチ、体重が二八〇キロ以上になったときからといわれている。初発情は栄養状態がよい場合は早い傾向にあり、八カ月ころよりみられる。最初は周期が二五日であったり、三〇日であったりと不安定である。二一日前後の正常な周期がみられるようにならなければ、授精しても受胎率が悪い傾向にあるので、発情月日をチェックしておくことが必要である。

若い牛は発情持続時間が短い傾向にあるので早めに授精師に連絡する必要がある。また月齢により発情徴候の強弱がみられ、とくに一六カ月齢から二〇カ月齢の間は発情が不明瞭になることが多い。したがって体の発育との関連もあるが、遅くとも生後一六カ月齢以内に受胎させる必要がある。現状の発育を考えると一四カ月齢以内で受胎し、初産分娩二四カ月齢までを目標に授精することがポイントである。

また、一、二回いい発情がきたのに種付けをしないでおくと、その後の発情が弱くなる傾向がみられる。初めのよい発情をのがさず、少なくとも二回目までには受胎させたいものである。

(3) 導入牛でも落としすぎはよくない

自家保留牛は育成飼料にすぐに切り替えられるが、導入牛は図78のⒶのタイプのように過肥ぎみとなっているので、導入後二、三日間は濃厚飼料を与えず、牛が落ち着いたら乾草とイナワラを与える。充分食べるようになれば、濃厚飼料を徐々に増量していく。とくに過肥の牛（尾枕が大きくついている場合）は、Ⓑのパターンのように脂肪を落としてから飼いなおすことが多いようだ。しかし、尾枕はなかなかとれないため、給与量を減らしすぎて、かえって受胎が悪くなったり発育不良や体積不足などから飼料の利用性がとぼしい牛になってしまう例がある。ある程度体重がのって被毛に光沢がないと、よい発情はこない傾向がみられる。過肥の牛でも発育に必要な飼料は必ず与えることが大切である。

図78　導入牛と自家保留牛の体重変化のタイプ

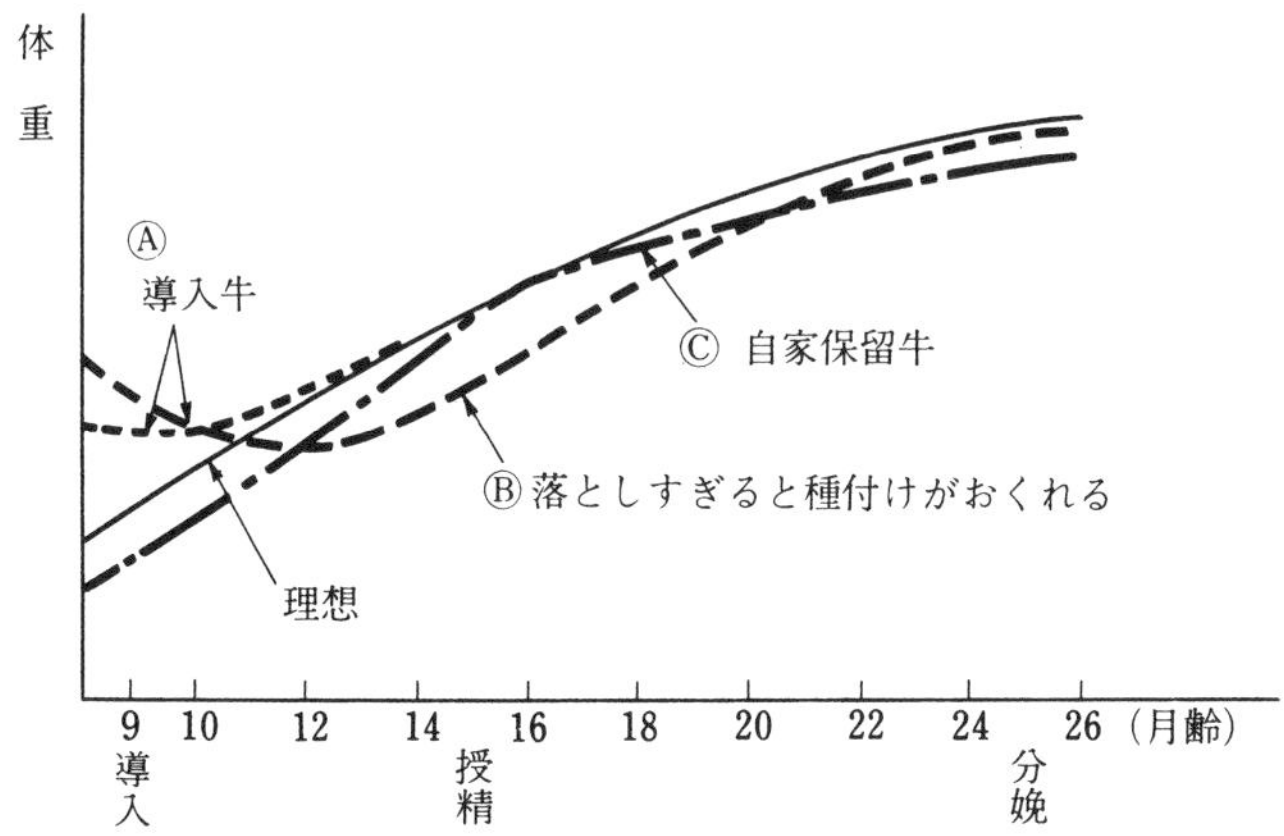

(4) 登録審査は早めに受ける

登録審査のときは、やせているより肥えているほうが牛はよく見える。しかし、肥やすことで牛自体がよくなるわけではないし、登

図79　登録審査前後の体重の変化と飼い方

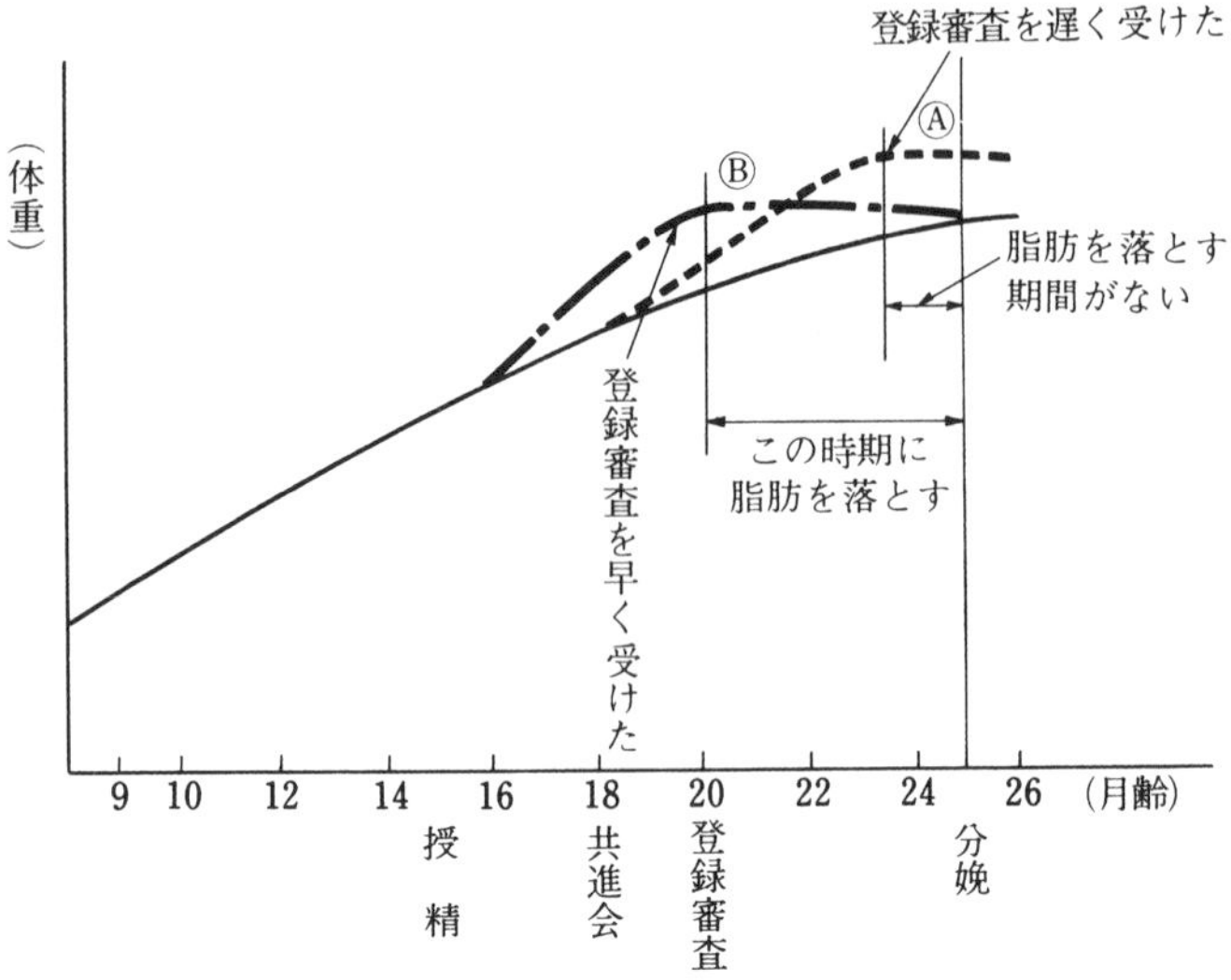

録点数が大幅によくなることもないと思う。最近では過肥の牛はかえって減点されることになっている。登録審査だからといって牛に無理をかけ、とくに初産分娩前に太らせてしまうと、分娩後に受胎が悪くなったり、泌乳量が少なくなったりして将来にも悪影響がでる。

登録審査を図79のⒶタイプのように分娩前一カ月とか直前に受ける農家もあるが、このように分娩直前に受けると、その後で体重を落とそうと思ってもとても分娩までには間に合わず、手の打ちようがない。

現在では登録審査は一四カ月から三〇カ月までに受ければよいのであるから、なるべく早めの娘ざかりである二〇カ月前までに受けて、母牛としての分娩前の体勢づくりに入るほうがよい。分娩の三、四カ月前に受ければ、Ⓑタイプのように登録審査のためにかなり太りぎみにしてしまったとしても、その後飼料を調整していけば、分娩前には体重を落とすことができ、産後の悪影響をさけることができる。

(5) 二〇カ月齢で飼料を切り替える

登録審査が終了すれば、かなり思いきって濃厚飼料を落としても大丈夫である。なかには登録審査前に共進会に出品される牛もいると思うが、共進会、登録審査と連続した牛は、登録審査から帰った夜から、心を鬼にして思いきって濃厚飼料を半減するくらいの覚悟が必要である。しかし、牛の体自体はまだ発育途上なので化粧肉がつかない程度に濃厚飼料を二キロぐらいは与えたほうがよい。そして、二〇カ月以降は繁殖牛の分娩前の飼料に切り替えていく。

3　上手な飼い方の秘訣

(1)　良質の飼料で腹づくりを優先

飼料給与は一カ月に体重が一五キロ（一日当たり五〇〇グラム）前後太らせることを目標にして、良質な粗飼料（乾草）を中心として腹づくりを優先させる。

発育が旺盛な時期なので、濃厚飼料は多くの種類が入った配合飼料を主体にすることが必要である。栄養的にも高エネルギー、高タンパクの飼料を要求するが、粗飼料が良質なものであれば単純な配合飼料で、しかも少量でも充分育成できる。一般にＴＤＮが六八％前後、ＤＣＰが一三％以上になるような配合飼料を用いて、二〇カ月齢までは一日当たり三～四キロ、二〇カ月齢以降は一日当たり二～三キロ前後が標準的な量である。しかし子牛のところで述べたように、この時期は胃の発達を促す必要があるので、良質な粗飼料を充分に食べさせることを念頭において栄養価の高いものを少量給与することが大切である。

(2)　授精前に水分の多い草は禁物

発育は子牛と同じように中躯に赤褐色の被毛が残る程度か尾枕を目安とする。尾枕がつくとその後は発育が悪くなるので、過度に太らせないことが肝心である。

しかし、被毛に光沢がなければならない。発情に対してはタンパク質が大切なので、授精を予定している月齢の遅くとも一・五～二カ月前から大豆カスや魚粉などタンパク質飼料を一日二〇〇～三〇〇グラム程度給与する（八カ月齢ころから与え始めるとよいようである）。とくにこのときは母牛の飼い方と同様に、水分の多い草は与えないことがポイントである。受胎を確認し生後二〇カ月頃になると脂肪の

図 80　種牛候補牛の追い運動をする親子

慣れてくれば小学生でもごらんのとおり

図 81　育成牛のつなぎ運動

頭部が動かないようにつなぎ姿勢が正しくなるように直してやる

蓄積がさかんになるので濃厚飼料はひかえめにする。

(3) 運動で人になつく牛にする

四肢を丈夫にし、耐用年数を伸ばすためには追い運動を毎日三〇～四〇分することが必要である。追い運動ができなければ母牛のところで述べているつなぎ運動を二、三時間行ない、牛体にブラシをかけ、飼育者になつく牛にしておくことがその後の管理を容易にする。まれに初産時には子牛に驚いたり子牛を嫌う牛、哺乳に手助けが必要な牛がみられるので、牛体のどの部位(とくに乳房)をさわっても嫌がらないように牛によく接しておくことが大切である。

(4) 鼻木通しと矯角は時期をずらす

導入牛は一カ月もすると生活に慣れてくるので、鼻木通しと矯角をする。自家保留牛なら九カ月齢前後でも可能である。両方を同時にすると牛に大きなストレスがかかるので、牛の状態により時期をずらして行なう。

鼻木通しは通す位置により牛の性格が変わってくる。とくに奥に通すと鼻木が骨にあたり牛が神経質になるので、熟練した人にたのむほうがよい。

矯角は角の形を「い」の字形にするが、強くまくと飼料を食べなくなるので、丈夫で柔らかい布で二週間まいて二週間取り除くようにして時間をかけて行なうことが大切である。

削蹄は体型や発育に重要なので、蹄の状態をみながら定期的に実施する。

図82　矯角の方法

左の牛は角が真直に伸びているので「い」の字になるように。
右の牛は角が後方にたおれているので角の後ろに枕（ワラでつくる）をおいて矯正している

第5章

繁殖牛の飼い方

1 経済動物になって飼い方にちがいがあるか

昔の牛は田畑を耕し堆肥をつくる唯一の原動力だったので、使役が主で子牛の生産は従であった。

六月になると田を耕しイナ作を始めなければならないので、遅くとも五月までには毎年分娩させるよう心がけていた。夏が過ぎ秋になると農繁期になるので、飼育の手間を省くために親子とも地域の共同放牧場に毎朝連れて行き、夕方には連れて帰るのが子供の日課であった。冬期間は雪が降り寒い日が続くので舎飼いが中心であったが、晴天の日は外につなぎ、日光浴とブラシかけをよく行なった。

図83　今は見られなくなった光景

分娩後1カ月ぐらいたち，子牛も仲間入り

飼料は粗飼料中心で、濃厚飼料はクズ米、クズ豆、米ヌカ（自家製）少々であった。粗飼料は五月から十月までは畦畔の草と里山の硬い草（シバ草）、冬期間は夏場に乾燥させた野草と豆ガラが主体で、石灰ワラやビタミン不足を補うためにカシの木の葉をときどき与えていた。また、早春になると畦畔に早くから芽を出すアザミなどを取ってきて与えていた。濃厚飼料はおもに子牛に与え、母牛には農耕に使う前後（分娩後）に与える程度であったが、連産していた。

とくに、分娩後には生殖器の回復促進と受胎率向上を期待して、クズ米とサトイモの茎を乾燥させたものをミソ汁にして与えていた。クズ米は疲労回復、サトイモの茎はカルシウム不足を補う目的であったと思われる。また、冬期間にも栄養不足を補うために与えていた。

現在の牛は経済動物となり、多頭化して、舎飼い中心の省力管理となり、飼料は濃厚飼料の依存度が高く、粗飼料は単一の飼料作物の長期間給与や輸入乾草に依存し青草は皆無の飼育となるなど、大きく変わり、和牛が望む飼い方がなされていない状態である。そのために牛の個体ごとのコントロールが不充分で、何事もこの程度でよいだろうといった「だろう飼い」が多くなっている。牛はよく肥えて、肥育牛とみまちがえるような牛となり、乳量や繁殖成績に悪影響を及ぼしている。現在においても飼料給与や管理の基本として、昔の飼い方をみなおすことも必要ではないかと思われる。とくに「牛のヨダレ」や糞の形状がみられない状態で、胃腸障害が慣性化していることも考えられる。

図 84　日中は共同放牧場でくつろぐ

図 85　夕方共同放牧場から連れ帰る

2　分娩周期のとらえ方と飼い方のポイント

(1)　生活しやすい太りぐあいとは

「多少やせぎみ」とはどの程度

飼料給与量の目安は体重によって決まるので、体重が軽い牛ほど少ない飼料でよいことになる。一般に繁殖牛は「多少やせぎみ」のほうがよいといわれているが、「多少やせぎみ」とはどの程度の太りぐあいか、人によって見方が大きく違い、繁殖成績などに大きな差が現われている。それではどの程度の体重がよいのだろうか。

連産する牛の栄養度指数は「三・四」

連産する牛の分娩三カ月前の栄養度指数（体重／体高）を調査してみると、三・四程度のものが多くみられた。例えば体高一二八センチであれば、体重は四三五キロとなる。この体重が牛にとって最も生活しやすい太りぐあいであると考えられる。また、被毛色からみると、中躯に赤褐色の毛がある程度と推察される。

(2)　連産させるための体重の変化とは

分娩三カ月前の体重（栄養状態）がポイント

標準体重を一年間ほぼ一定に維持できればよいが、繁殖牛は妊娠、分娩、子育てという生理段階があるので、体重を一定に維持することはむずかしい。それではどのような体重の変化が理想的なのだろうか。

まず、どの時期の体重を標準体重にすればよいのだろうか。一年間のうちで牛が最も安定している時期は、子育てが終わり、体力が回復し、胎児がまだあまり大きくならない分娩三カ月前なので、この時期の体重を標準体重にするのがよいと考えられる。したがって、受胎し子牛を離乳した分娩六カ月後（妊娠四カ月前後）から次回分娩三カ月前までの約三カ月間に牛の太りぐあいを調節し、分娩三カ月前には標準体重にする必要がある（図86）。すなわち、分娩三カ月前を標準体重にすることは、分娩三カ月前と分娩後の体重がほぼ同じになることからである。後述する飼料給与量からみると分娩後は分娩三カ月前の一〇割増の飼料を与えることになる。分娩三カ月前の栄養状態で給与が可能かどうか判断しなければならないためである。

図86　理想的な分娩3カ月前の栄養状態

分娩前の過剰な増飼いはまちがい

多くの人は分娩三カ月前から分娩までの間に、充分な栄養を与えないと丈夫な子牛を産まず、分娩後の繁殖成績が悪くなると思い、この時期に太らせてしまっているのではないだろうか。とくにこの時期が冬期間になる場合は、粗飼料が不足ぎみになるので、つい濃厚飼料の給与量が多くなり、また舎飼い中心で運動不足になるため肥えやすくなる。

分娩前に多くの飼料を与える理由として、第一に生まれてくる子牛が大きくなるのではないかということがある。そこで分娩前三カ月間の増し飼いによって、母牛の体重や子牛の生時体重がどうなるかをみたのが表5である（飼料をTDNで標準量与えた区、それより二〇％増、二〇％減、四〇％減与えた区を設定して比較した）。生時体重は栄養によって大きな差はみられ

表5　妊娠末期3カ月間の栄養と生時体重

栄養水準	＋20	標準	－20	－40
開始時体重（kg）	441.6	448.3	440.9	442.2
分娩直前体重：A（kg）	487.8	484.8	478.4	463.0
分娩直後体重：B（kg）	448.2	449.8	438.7	422.6
分娩による減少量（A－B）（kg）	39.6	35.0	39.7	40.4
1日当たり増体重（kg）	0.55	0.43	0.45	0.25
産子の生時体重（kg）	28.8	30.4	30.3	29.5
妊娠期間（日）	284.7	284.0	289.6	286.6

ないが二〇％多く栄養を与えた牛と四〇％少なく与えた牛は小さくなっている。また分娩による母牛の体重の減少量は、栄養に関係なく四〇キロ前後となっている。それでは多く与えた栄養はどうなっているかを、母牛の分娩三カ月前から分娩直後までの体重の増減からみると、栄養が多いと母牛が肥えただけであった。

第二に分娩後の乳量が多くなるのではないかということがある。しかし、その結果は表6のとおりで、栄養によって大きな差はないが、栄養の多い牛ほど哺乳量が少なくなっている。よく共進会出品牛は乳が出ないといわれるが、これは栄養が多すぎ、いわゆる肥満になり、乳房にも脂肪が蓄積されるためである。

第三としては分娩後の発情が早くくるのではないかということがある。しかし、この場合も表7のとおり栄養によって大きな差はみられない。このように分娩前に栄養を多く与えても、母牛が肥えるばかりで、子牛や繁殖成績によい影響はないことがわかると思う。したがって、この期間の体重の変化は分娩三カ月前の標準体重が分娩時に減少する四〇キロ前後重くなり、分娩すると標準体重にもどるくらいで充分である。

表6　妊娠末期3カ月間の栄養と哺乳量（kg）

栄養水準	＋20	標準	−20	−40
分娩後　4週	5.73	7.12	6.34	6.90
12週	4.58	5.74	4.71	5.30
18週	3.88	5.22	4.23	4.61
平　均	4.73	6.03	5.09	5.60

表7　妊娠末期3カ月間の栄養と繁殖成績

栄養水準	＋20	標準	−20	−40
初回発情までの日数（日）	40	46	56	43
受胎までの日数（日）	116	83	103	64
種付回数（回）	2.3	2.1	2.2	1.4

分娩後は増加させないと受胎が悪い

分娩後四カ月間は子牛を育てるための泌乳、発情、受胎といちばん重要な時期なので、充分に飼料を与えて標準体重より太らせる必要がある。この時期に標準体重より減少させたり、また分娩直前に肥えすぎているためこの時期に太らせることができず維持する程度か減少させたりするようでは、子牛の発育や繁殖成績に悪い影響を与え、一年一産が困難となる。分娩後、体重を増加させる期間は四カ月間で、この期間に約三〇キロ程度太らせるようにする。

分娩四カ月後を境に余分な脂肪を落とす

分娩五カ月目からは体重を徐々に減

少させ、子牛を離乳する分娩六カ月後には標準体重より二〇キロ前後軽くして余分な脂肪を完全に取るようにする。そして、離乳すると体重が増加するので、次回分娩三カ月前には標準体重にもどす。なお、四～五カ月離乳でも同様の考えで栄養状態により給与飼料を増減する。なぜ分娩四カ月後を境にして体重を減少させるかというと、この時期を過ぎると母牛の乳量は少なくなり、すでに受胎しているので、子牛は別飼い飼料を充分食べるようになっているため、母牛の役目が少なくなってくるからである。

　また、体重を増やすことはたやすいが、減らすことはかなりの抵抗があるので早い時期から始めないと、次回分娩三カ月前に標準体重にするのが困難になると考えられる。

疲れのみえる牛や四歳までは体重を極端に落とさない

　しかし、一〇歳以上になった牛や連産した牛は、体力の回復が遅れるので分娩六カ月後の体重をあまり落とさないで、標準体重を維持するか、若干重くなるようにすることがポイントである。

　また、若い牛でも連産して三産目ころになると、受胎が悪くなる場合がみられる。これは発育と連産に必要な栄養分が不足して体力が消耗することが一因と考えられるので、四歳までは体重を増やしていくことが必要である。

　以上のように連産させる飼料給与のポイントは、分娩前には過剰な栄養を与えず、分娩後四カ月間に必要な栄養分を充分に与えることである。

(3) 栄養状態の変化はこうして判断

体重の変化は被毛で

　母牛は理想的な体重の変化をすると、図87のように分娩三カ月前には被毛の光沢はあまりなく、分娩直前になるとやや光沢が出て、分娩後一〇日目ころになると被毛はバサバサとなり光沢はほとんどなくなる。その後、濃厚飼料の給与量を増やすにつれて徐々に艶が出てきて、初回発情する分娩後四〇～六〇日になると油をつけたような光沢がみられるようになる。そして、分娩後四カ月をすぎて飼料の給与量が少なくなると、また徐々に光沢がなくなり、分娩後六カ月にはバサバサになってくる。また被毛の色も栄養状

図87　理想的な体重変化と被毛の状況

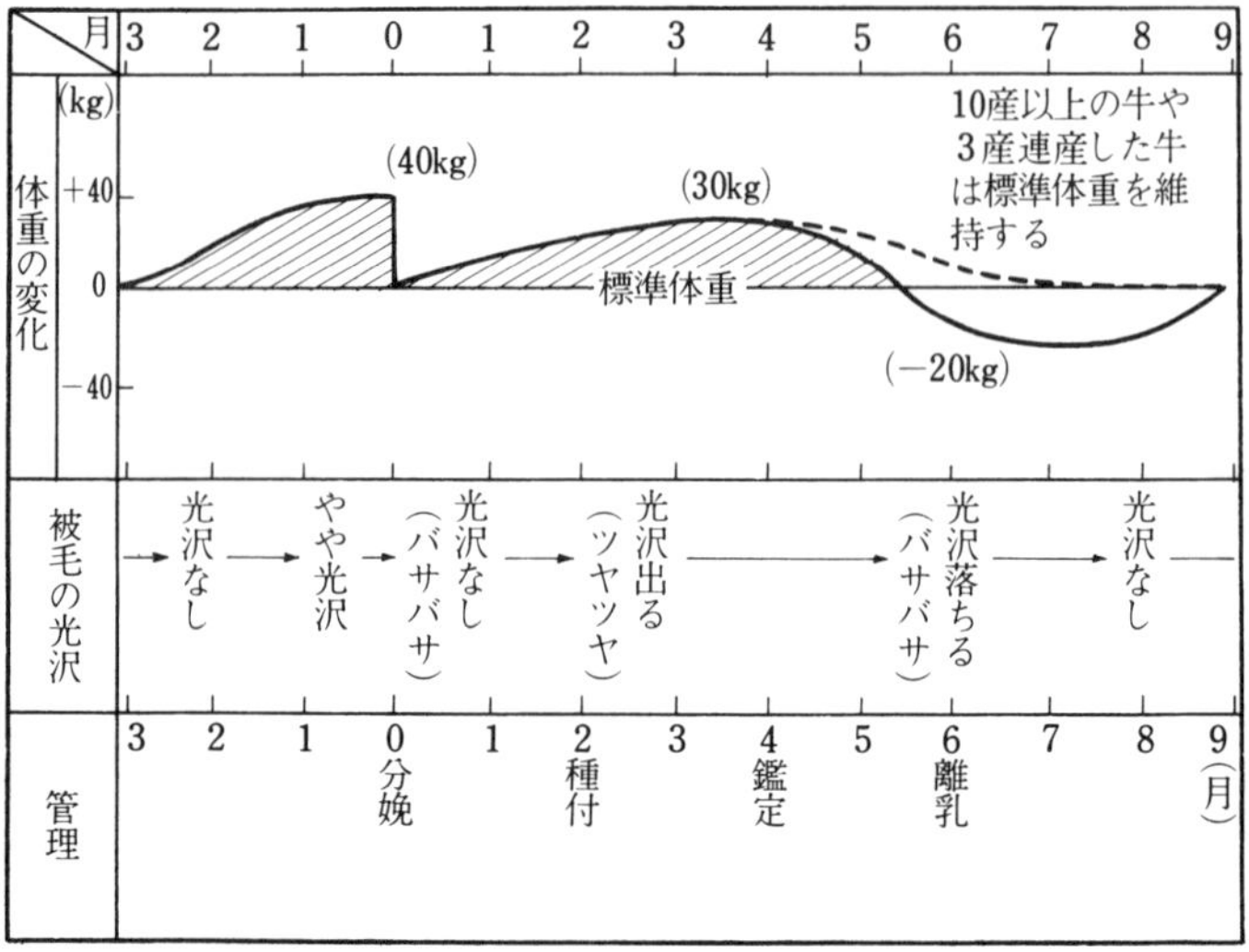

態により変化がみられる。栄養状態が悪くなると赤褐色の被毛が後躯から発生し、極度に悪くなると頭部までおおわれる。栄養状態がよくなると頭部から後躯にむけて黒毛となる。このように被毛の状態をみることによって体重の変化や栄養状態を判断することができるので、被毛の状態をよく観察しながら飼料の給与量を増減することが重要である。

とくに、初回発情の時期には全身が黒毛の被毛となり油をつけたような光沢がないと受胎はむずかしい。

図88　下膁部の「にぎり」とは

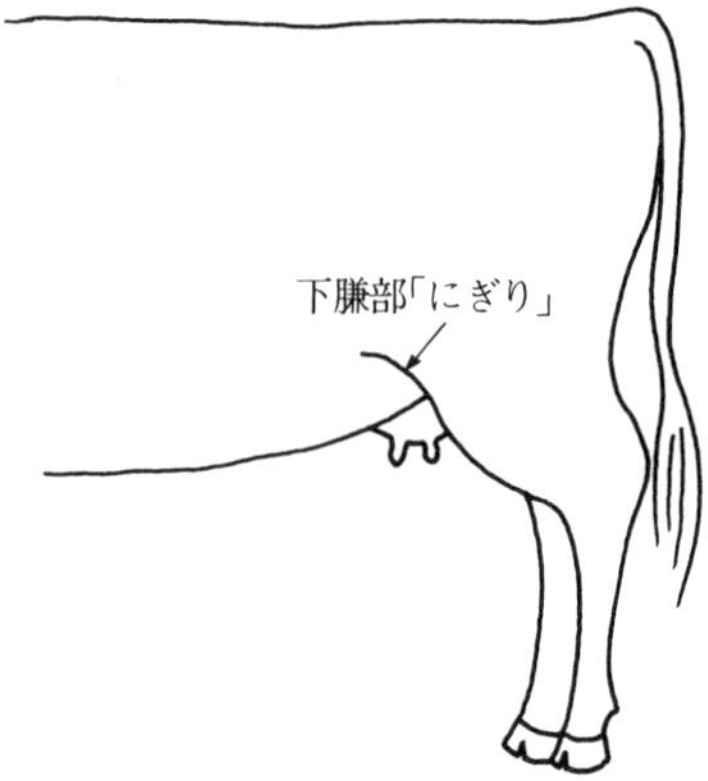

太りぐあいの目安は下膁部の「にぎり」で

母牛の太りぐあいの指標として、肥育牛で肥育状態の指標とされている下膁部《かけんぶ》の「にぎり」の脂肪の付着状態がある。「にぎり」をさわってみて、脂肪が付着して厚くなっているのは明らかに肥えすぎであり、皮だけぐらいに感じる程度がちょうどよいと考えている。下膁部の「にぎり」に脂肪が付着するのは、尾枕がつく前段階と考えられる。母牛の場合は、子牛や育成牛のように尾枕がつくほど肥やすことはないので、「にぎり」で判断することになる（図88）。

(4) 体重変化のタイプと手の打ち方

分娩前過剰型

理想的な体重変化のさせ方は図89のⒶタイプであり、この方法は実際に多くの農家でよい成績が得られている。しかし、まだ「分娩前の高栄養が、分娩後によい影響を与える」と信じている方も多く、その場合Ⓑタイプのようになっている。このタイプは分娩前に過剰な栄養を与えているため、分娩後も標準体重より三〇～四〇キロも肥えている。そしてその体重を維持していると、発情はしても受胎せず卵胞嚢腫（カモ）になりやすい傾向がある。

こうした過肥の牛は繁殖障害として治療を受けることが多いが「このように肥えていると生殖器に脂肪が付着しており、正常な発情がこないので体重を落としたほうがよい」と指摘される。

このとき、分娩後すでに二カ月以上経

図89　体重変化の３つのタイプ

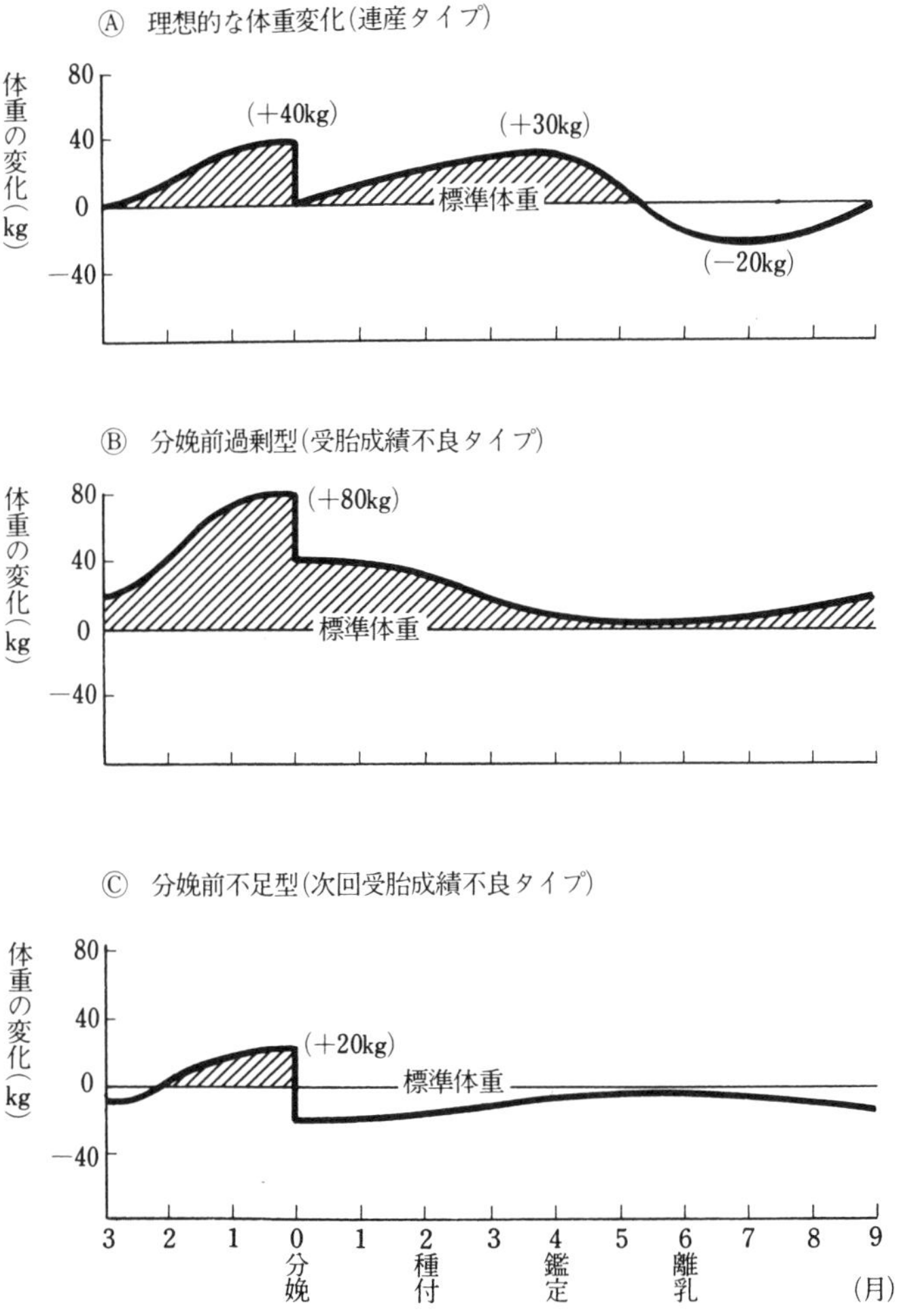

図90　分娩前過剰型の手の打ち方

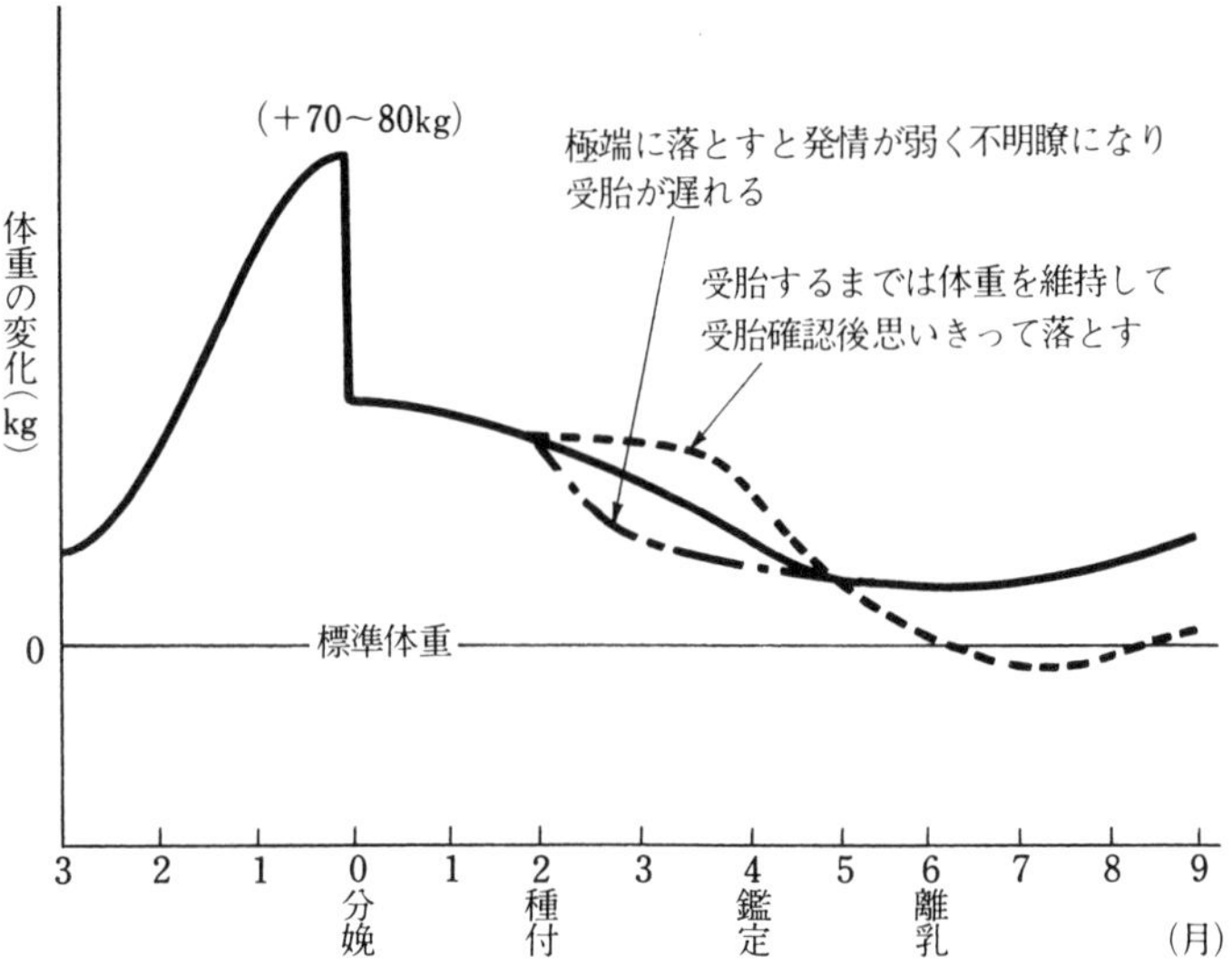

過しており、それから濃厚飼料を極端に少なくすると体重は徐々に軽くなる。しかし、被毛の状態は理想タイプと逆で、分娩後に光沢があり、その後濃厚飼料を少なくしたためにバサバサになっている。このような栄養状態では発情が弱く不明瞭で受胎が悪く、分娩後四カ月以上経過して体重が維持か増加するようになってやっと受胎することになる。

したがって、過肥の牛でも、分娩前に肥えすぎているからといって体重を極端に落とさず、受胎するまでは分娩後の体重を維持したほうが受胎がよくなる。そして、受胎を確認したら濃厚飼料を思いきって少なくして、体重を標準体重かそれよりやや軽くなる程度まで落とし、次回からはⒶの理想タイプに移行させるようにする（図90）。

このタイプは分娩前が冬期間にあたり濃厚飼料中心の飼い方になった場合や、四～六月の気候のよい時期に多くみられるので注意が必要である。

分娩前不足型

分娩前の体重が標準体重より二〇キロ前後しか増えないⒸタイプは子牛価格が安いときなどによくみられる。分娩後の体重が標準体重よりかなり軽いため、発情するまでの日数が長くなり発情が不明瞭である。しかし分娩後徐々に体重が増加しているので、Ⓑタイプよりはいくらか早く受胎する傾向がみられる。しかし、標準体重まで達しないために次回の受胎が危ぶまれる。このタイプは受胎確認後も飼料を極端に落とさず、次回分娩三カ月前には標準体重に近づけるようにする。

3 上手な飼い方の秘訣

(1) 連産させる飼料給与の実際

分娩後は維持期の二倍

飼料給与のモノサシである日本飼養標準は牛の生理段階で区分してエネルギー（TDN）の要求量を示している。それをみると図91のようになっている。日本飼養標準にもとづく飼料の与え方は、分娩三カ月前から分娩までは維持飼料の三割増、分娩後から六カ月間は維持飼料に乳量分の飼料をプラスして、六〇日間隔で乳量によって前期九割増、中期七割増、後期五割増となっている（維持飼料とは、離乳後から次回分娩三カ月前までの体を保つだけに必要な飼料である）。

図91　日本飼養標準による飼料の与え方

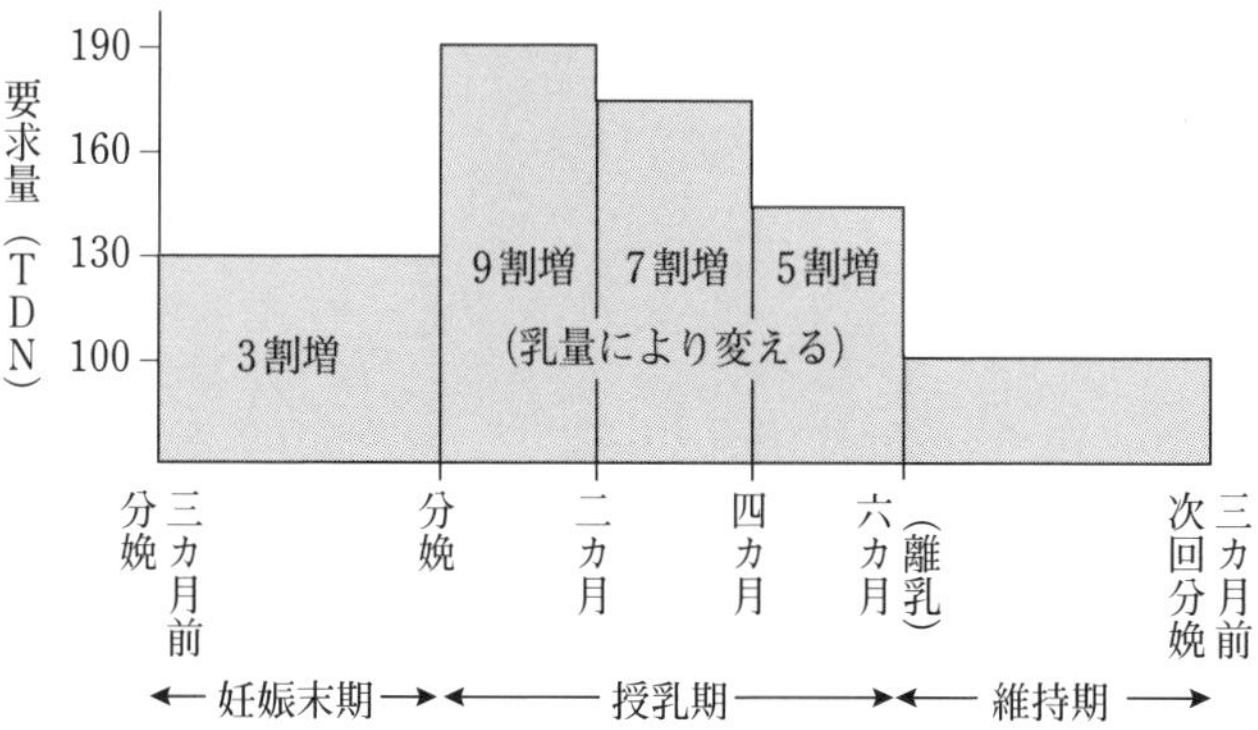

一方、私の考えている体重の変化にもとづく飼料の与え方は図92のとおりである。すなわち、維持飼料を与える期間は分娩四カ月後から次回分娩三カ月前までとし、分娩三カ月前から分娩

図92　私案の飼料の与え方（点線は日本飼養標準）

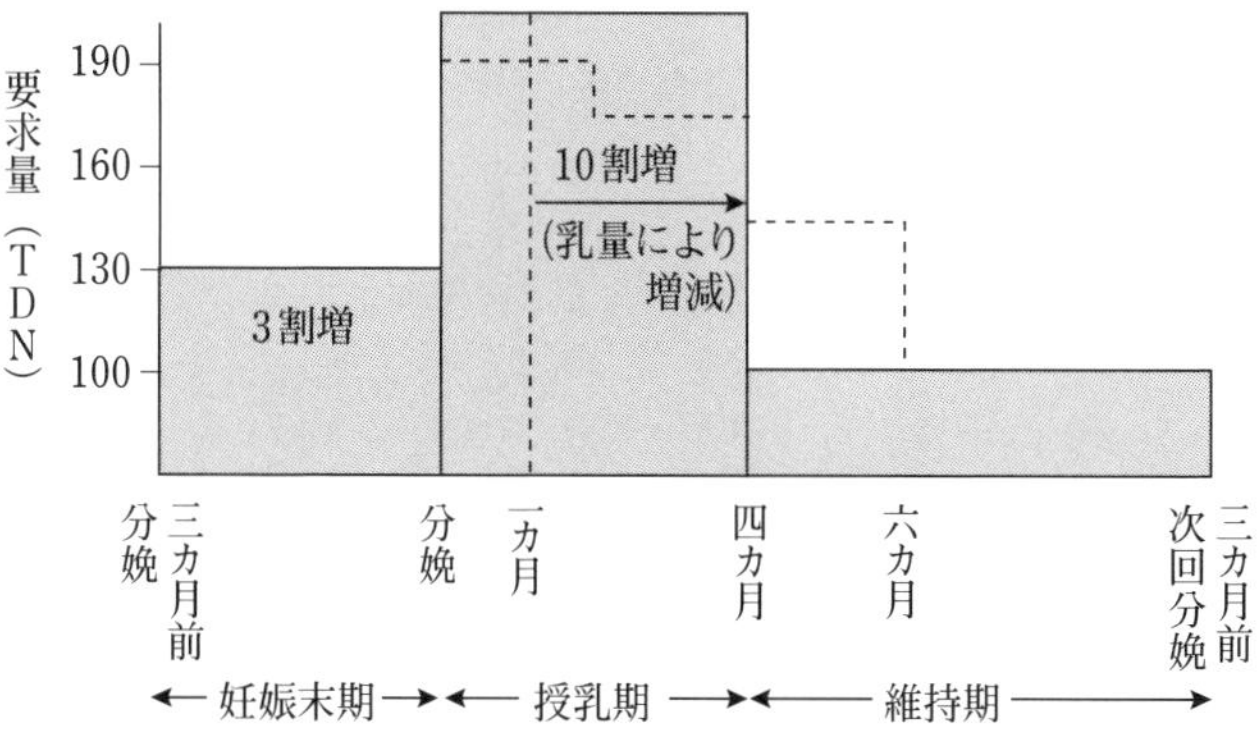

図93　乳静脈の出たよい乳房

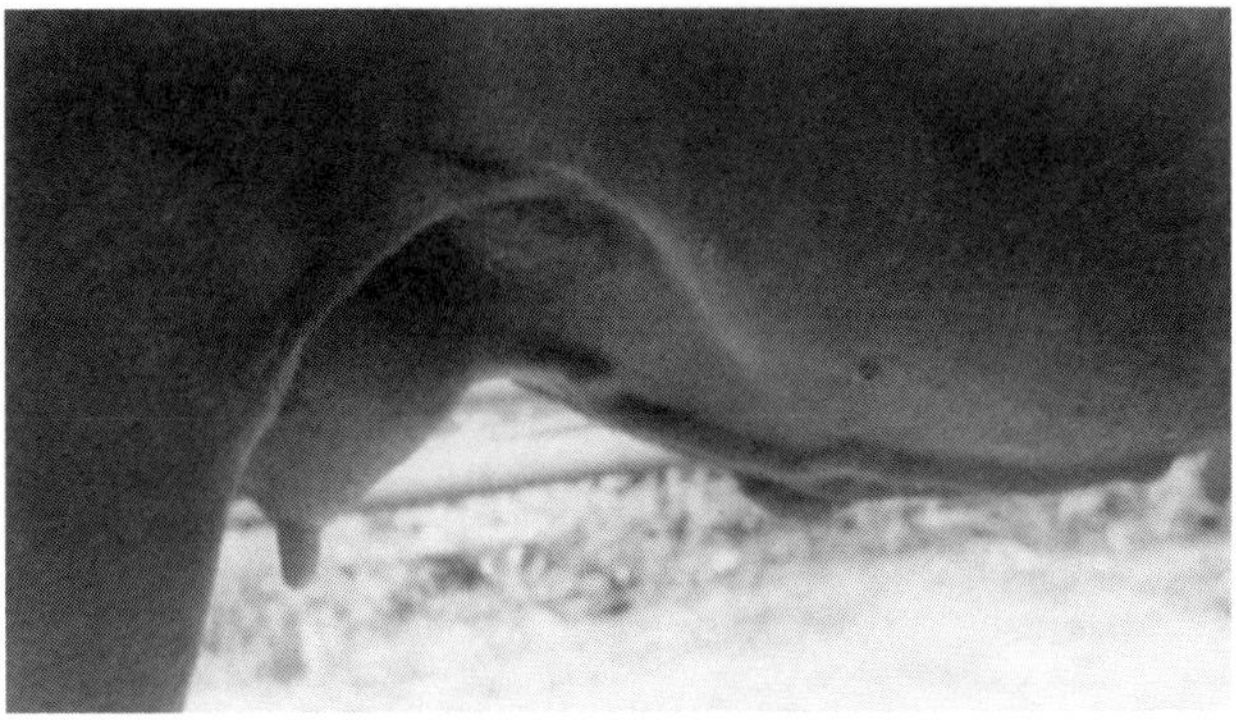

乳房の容積はやや小さめだが「サシ乳」で乳量が多い

までは維持飼料の三割増、分娩後から四カ月間は維持飼料の二倍量（一〇割増）とする。飼料の年間必要量は日本飼養標準とくらべやや少ない程度で大きな差はないが、分娩後短期間に集中して与えるか、分散して与えるかのちがいである。

いずれにしても、分娩後は乳量により飼料を増減しなければならないが、一頭ごとの乳量を正確に調査することは困難である。経産牛は子牛の発育状態で乳量を推察できるが、実際の乳量よりやや少ない量になりがちである。そこで分娩後は、分娩前の飼料の量から一〇日間くらいかけて徐々に飼料を増やして、その後は乳量に関係なく維持飼料の二倍量を給与する。二倍量にするまでの期間は、乳量の少ない牛は一週間くらいでも大丈夫であるが、乳量の多い牛はあまり急激に増やすとよくない。給与開始から約一カ月間経過するとその効果が現われて牛が太ってくるので、太りぐあいや被毛の状態をみて給与量を増減する。

授乳期には良質のタンパクを

各生理段階の飼料給与量の目安は表8のとおりである。飼料の献立は粗飼料の量や種類によっていろいろ考えられるが、粗飼料は年間を通して乾草状態で一日一頭当たり最低五キロ以上給与する必要がある。維持期はできるだけ粗飼料中心とし、妊娠末期は維持期の飼料より濃厚飼料を一キロ程度、授乳期には三〜四キロ多く給与する。

また、授乳期には受胎促進のために、タンパク質を多く含んだ大豆カスを分娩二週間後より受胎するまでの間、一日二〇〇〜三〇〇グラム与えることが望ましい（図94）。

分娩後七日間程度母乳を飲ませてその後は代用乳哺育する飼育方法では、妊娠末期と維持期の飼料給与量は同一でよいが、授乳期は哺乳させないため維持期の給与量で飼養すれば繁殖成績

表8　飼料給与量（濃厚飼料に「フスマ」を使った例）

牛の状態	体重 (kg)	粗飼料				濃飼	粗飼料				濃飼
		野乾草			イナワラ	フスマ	野草（生草）			イナワラ	フスマ
		多	基準	少			多	基準	少		
維持期	400	—	4.0*	1.0	3	0	—	8*	2	3	0
	450	—	5.0*	2.0	3	0	—	10*	4	3	0
	500	—	5.5*	2.0	3	0	—	11*	5	3	0
	550	—	6.0*	3.0	3	0	—	12*	6	3	0
妊娠期	400	6.5	3.5	0.0	3	2	13	7	0	3	2
	450	7.0	4.0	1.0	3	2	14	8	2	3	2
	500	8.0	4.5	1.5	3	2	16	9	3	3	2
	550	8.5	5.0	2.0	3	2	17	11	4	3	2
授乳期	400	8.0	4.5	1.5	3	4	16	9	3	3	4
	450	8.5	5.5	2.0	3	4	17	11	4	3	4
	500	9.0	6.0	3.0	3	4	18	12	6	3	4
	550	10.0	6.5	3.5	3	4	20	13	7	3	4

牛の状態	体重 (kg)	粗飼料				濃飼	粗飼料							濃飼
		ソルゴー生草			イナワラ	フスマ	イタリアンライグラス生草			野草（生草）			イナワラ	フスマ
		多	基準	少			多	基準	少	多	基準	少		
維持期	400	—	13*	3	3	0	—	7	—	—	4	—	3	0
	450	—	16*	6	3	0	—	9	—	—	5	—	3	0
	500	—	17*	7	3	0	—	10	—	—	5	—	3	0
	550	—	20*	10	3	0	—	11	—	—	6	—	3	0
妊娠期	400	21*	10	0	3	2	12	6	0	6	3	0	3	2
	450	23*	13	3	3	2	13	7	0	7	4	2	3	2
	500	25*	15	5	3	2	14	8	0	8	5	3	3	2
	550	27*	17	7	3	2	15	9	0	9	6	4	3	2
授乳期	400	25	15	5	3	4	14	8	0	8	5	3	3	4
	450	27	17	7	3	4	14	10	0	9	5	4	3	4
	500	29	19	9	3	4	17	11	0	9	6	6	3	4
	550	31	21	11	3	4	17	11	0	10	7	7	3	4

注　1）＊印はタンパク質補給用として大豆カスを200g/日与える
2）給与量は粗飼料「基準」と「イナワラ」「フスマ」である
粗飼料「多」のときは「フスマ」を2kg減少し，粗飼料「少」のときは「フスマ」を2kg増加する

図94　受胎までが飼料給与のポイント

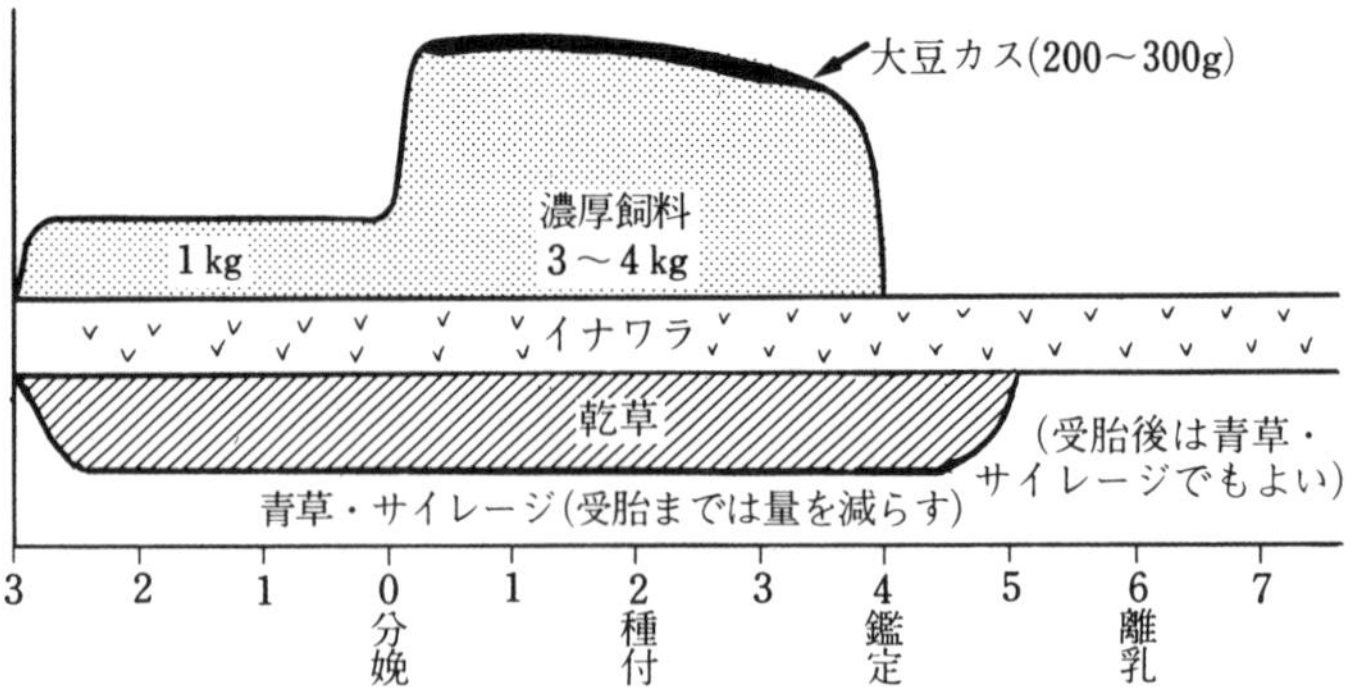

は良好である。

受胎確認までは飼料の成分を変えない

とくに、分娩後から受胎確認までは、必要とする飼料のうち六五%以上をイナワラ、乾草、濃厚飼料など、日によって成分の変わらない飼料でまかない、日によって成分の変わりやすい青草やサイレージなどはひかえることが、受胎をよくするポイントである。

繊維の多い硬い草で食欲をつける

食欲が旺盛なことが泌乳、繁殖成績などによい影響を与える。食欲をつけるには胃の働きをよくする必要があり、そのためには牛の生理に合った繊維の多い硬い草が必要である。

しかし、近年は休耕田を利用した飼料作物の栽培が多くなり、水分が多く繊維の少ない若刈りした草を給与する傾向がある。また飼料作物の品種改良も栄養価が主体となっている。和牛は体を維持するためには、多くの栄養は必要としないので、栄養価よりも繊維の多い粗飼料を給与し食欲をつけることが大切である。そうしないと、これまでは乳牛に多く発生していた病気が、和牛にも多く出現することになりかねない。

三〇～四〇分で食べ終わるのが適量

また、健康を保つうえでの飼料の適量とは、飼料を与えてから三〇～四〇分で食べ終わるくらいの量である。変な愛畜心を出して牛に飼われないようにすることが肝心である。牛舎に入ると食べ残しがなく牛の眼が光っている農家はよい経営をしており、逆に飼槽にいつも飼料が残っている農家は成績が悪い傾向にある。食べ残しのない気配りのある飼料給与で、牛に食欲をつけることが受胎向上につながる。「食欲があれば受胎もよい」といえる。

(2) 授精適期は早期の発情発見

朝のチェックが肝心

繁殖成績を高めるために飼育者以外の手にたよらなければならないのは授精である。精液の良否、人工授精師の技術の差はないとはいえないが、まず飼育者としてしなければならないことは、早期の発情発見である。発情は牛が態度で示していても飼育者の目にとまらなければ発見できない。

一般に発情徴候は早朝から現われることが多く、毎朝牛を運動場に出しておけば牛どうしの乗り合いで発見でき、また、雄子牛がいっしょにいると発情している牛の後を尾行するので、飼育者は一日くらい前から発見できる。したがって、朝の飼料給与時には発情していないかを必ずチェックすることが大切である。

授精適期は発情した牛に他の牛が乗ると嫌がるときがよいとされている。しかし、一日中牛を観察していることはできないので、一般には表9に示した授精適期を目安にする。その場合、発見時刻や発情状態を人工授精師に正確に報告することである。

表9　授精適期の目安

発情発見時	授精適期
午前9時まで	同日の午後
午前9時～12時	同日の午後か翌月の早朝
午後	翌日の午前中

初回の種付けはよい発情を選ぶ

発情は分娩後早い牛で三〇日くらいで現われる。初回の種付けは生殖器の環境がよく、受胎しやすい。人工授精をするときは消毒を徹底して、病原菌が入らないように細心の注意をしているが、野外で行なうので完全ではなく、何回も授精をしていると生殖器の環境が悪くなり受胎しにくくなる。したがって、初回の種付けはよい発情徴候が現われたときだけに授精し、確実に受胎させるくらいの心構えが必要である。

運悪く分娩後三カ月以上たっても不受胎の場合は、発情徴候が不明瞭であったり、発情がこないことが多くみられる。この月齢になると子牛が大きくなり、母牛にストレスがたまり、栄養的にも不足しがちになるので、子牛を離乳するか半日のみ哺乳、一日数回哺乳などをして、哺乳回数を制限しないと受胎が困難な場合が多い。哺乳回数の長短が受胎性に及ぼす好例として、多頭飼育で普及している哺乳を分娩後七日程度とした飼育方式では、一一カ月一産が可能となっている。

牛によって発情時間や徴候がちがう

発情している時間や発情徴候は牛によってちがい、一般に発情持続時間は若い牛は老牛より、また分娩後初回発情までの日数が短い牛ほど、短い傾向がある。したがって、人工授精師と相談して牛ごとに発情状況や種付け適期などを記帳しておくと、翌年からの授精にたいへん役立ち受胎率の向上につながる。

(3) 受胎率を向上させるための注意点

五～七月の青草は与えすぎない

周年種付けをしている地域では、五～七月と十二～二月の間は受胎しにくいという話をよく聞く。牛は一年中二〇～二三日周期で発情しているのに、なぜこの時期の受胎が悪いのだろう。まず五～七月までの時期だが、この時期は気候もよくすごしやすいが、与える粗飼料は冬期間の乾草、イナワラから青草中心となってくる。とくに多く栽培されているイタリアンライグラスや野草の生草は水分が多く、たくさん与えると下痢をする。このように粗飼料が乾燥したものから水分の多いものに大きく変わるため、胃の働きが悪くなり体調をくずすことが考えられる。

また、種雄牛に水分の多い青草を与えると精液性状が悪くなり、乾いた粗飼料を与えると正常になる。なぜこのような現象が起こるのかは不明だが、雌牛においても同様なことがあるのではないかと考えられる。そこで農家において試験をしたところ、この時期に青草を与えないほうが受胎率が向上した。春一番の青草は受胎に何らかの悪影響がみられるようだ。したがって、青草の刈取り時期を遅らせるか、一～二日乾かして水分を減少させるとともに、青草の給与を減らしイナワラと混合して与えるようにする。

牛舎に採光と通風を

専業および多頭飼育農家では運動場がなく年中つなぎ飼育している農家は多い。このような経営において、牛の栄養状態や給与飼料構成に問題はないにもかかわらず、繁殖成績が悪い農家がみられる。そんな農家の牛舎環境の共通点として、採光が少なく昼間でも電気をつけないと詳細な観察ができない、アンモニア臭が充満している、といったことがあげられる。

採光は繁殖能力にとって重要な要因で、とくに重要視しているのは採卵鶏農家で、点灯飼育をして生産性を高めている。牛は年中発情を繰り返すため、発情による増体性の低下や疾病などの予防のために暗い牛舎で飼育している雌牛肥育農家もある。このように採光は繁殖能力を高めるために重要で、牛舎内に光が入る明るい牛舎構造が必要である。とくに冬期間は、野外での運動やつなぎ牛舎内の点灯によって発情を明確にすることが期待できる。運動場は子牛用のみで母牛は周年つなぎ牛舎で飼養している専業繁殖農家で、牛舎の採光のよい場所は分娩後の牛、悪い場所には受胎し離乳後から分娩前までの牛と、牛舎内の採光の違いを生かしたローテーションをして飼養し、良好な繁殖成績を上げている例がある。すなわち、受胎成績が向上するような牛舎環境とは何かを充分に考えた管理が重要である。一方、牛が目やにを出していることはアンモニア臭などが発生していることを示しており、ストレスにより繁殖成績が低下する要因ともなる。とくに育成牛は対応能力が弱く、死亡に至るケースもあるので、冬期間でも昼間は開放して通風や牛床の乾燥に心がけるといった牛舎環境の改善につとめる必要がある。

(4) 分娩時の手助けは母牛ができないことを

二時間以上かかる分娩は助産が必要

昔の牛は放っておいても分娩、哺育が上手であったが、最近の牛は手助けを必要とすることが多くなったように思う。運動不足と過肥による難産がみられ、とくに舎飼い中心で運動をしていない牛は、分娩時の陣痛が弱く分娩に長時間かかり、しかも子牛の活力が弱い場合が多い。

前肢が出たときに正常であれば母牛にまかせ、二時間以上経過しても分娩しない場合は助産が必要である。逆子の場合は臍帯が早く切れるので、助産をして早く分娩させるようにする。また、牛によっては初産のときに正常に分娩しているにもかかわらず助産をすると、以後の分娩でも助産するまで待っていることがある。

哺乳を早める上手な手助け

分娩後は少しでも早く初乳を飲ませることが大切である。しかし、哺乳しようにも子牛が飲みやすい姿勢をとらない母牛や、哺乳している際に子牛の肛門の付近をなめない母牛が多くみられる。母牛が子牛の肛門の付近をなめているのは排便を促すためである。二、三時間経過しても哺乳しないような子牛は、母牛がなめず便がたまっ

図95　正常分娩は母牛にまかせる

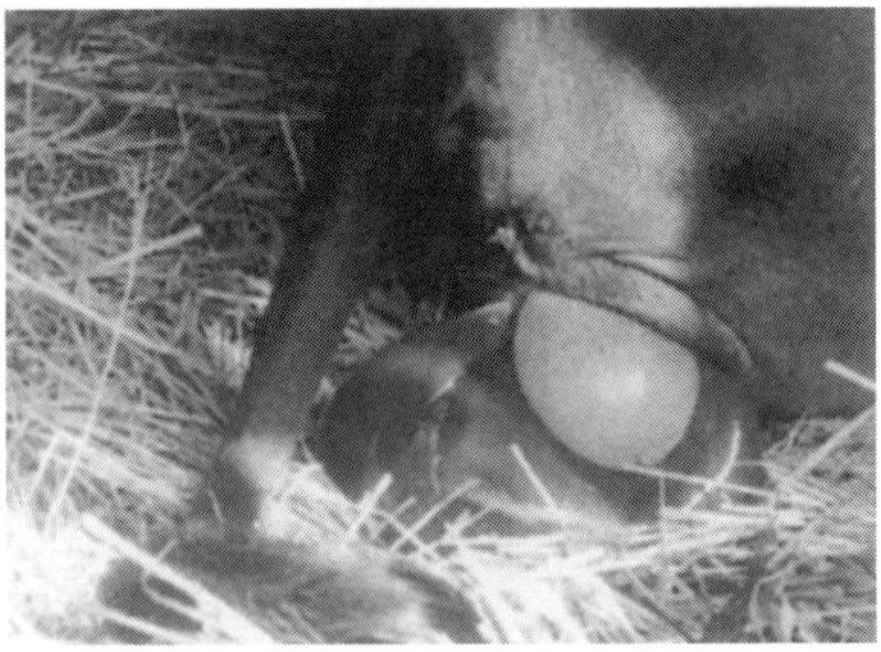

①胎胞が現われ始める

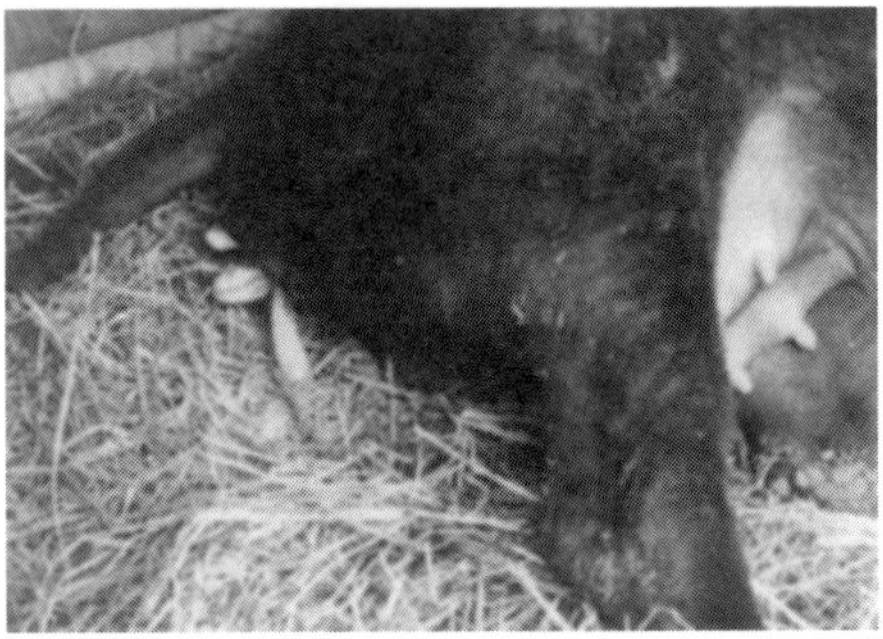

②前肢が出て正常な体位である

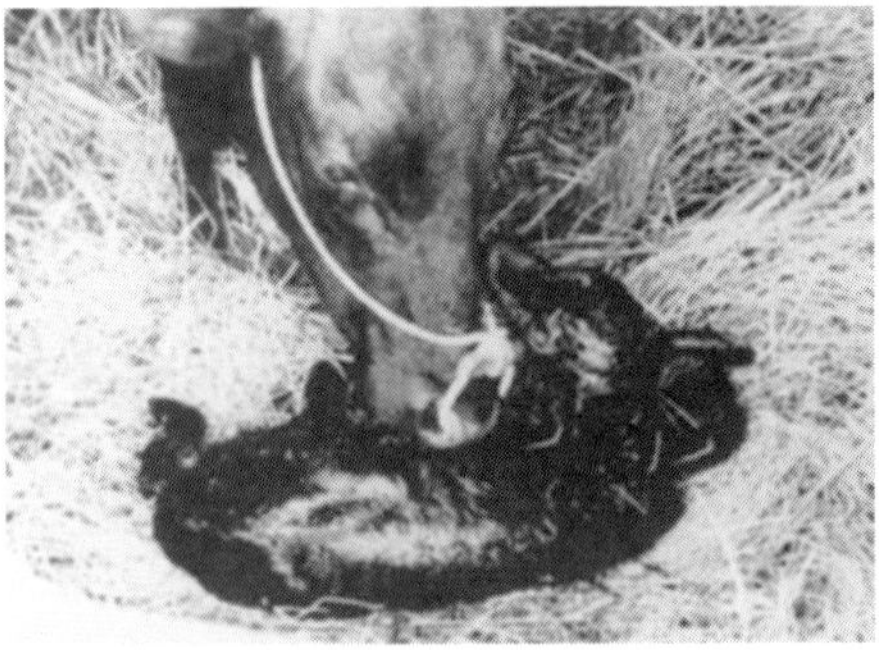

③子牛の体表を乾かす

ている場合が多い。

　分娩後、母牛が子牛をなめて体表が乾いてきても哺乳しないで、よく泣く子牛がみられるが、これは胎便がたまっているために苦しくて泣いているのである。昔から「分娩直後に泣く子牛は育たぬ」と言われている。また、泣かなくても長時間哺乳しない子牛もみられ、そのままほうっておくと死ぬことがある。このようなときは図96のように肛門の下を手でなでるか浣腸すると排便し、哺乳するようになる。

　哺乳しない原因のもう一つに、まれに早産の牛にみられる「紅歯」がある。これは歯に粘膜がついており（粘膜が紅色になっているので「紅歯」と言う）、そのため哺乳の際に歯が乳頭にひっかからず哺乳ができないでいる。このようなときは歯を塩でこすってやるなどして、粘膜を取り除いてやるだけで充分である。

　また、難産や分娩に長時間かかったときに、子牛が「ゼイゼイ」と苦しそうに呼吸をしていることがある。これは羊水などを誤飲しているためなので、図97のように子牛の後肢を持ち、子牛が頭を持ち上げるまで逆につるすと元気になる。このように母牛にできないことを上手に手助けをすることが大切である。

(5)「かゆいところに手がとどく」日常管理

二、三時間は自由にしてストレス解消

日常管理でいちばん大切なことは牛にストレスを与えず、ある程度の規律ある生活をさせることではないだろうか。現在、コストダウンのための省力管理がいろいろ提案されているが、牛のことを考えたうえでの省力管理でなく人間のための省力管理が多いのではないかと思われる。例えば、つなぎ牛舎で牛舎の汚れを少なくするために、深い排尿溝を牛がゆっくり立てるスペースがない所に設けたために牛がいつも気にかけていたり、牛舎にスペースがないのに多くの牛を入れているケースなどがよくみられる。また、つなぎ牛舎は単房にくらべて排糞尿する場所がほぼ同じなので小まめな除糞が必要なのにもかかわらず、除糞する回数が少なく牛体が汚れたり悪臭が出ていたり、運動場があるにもかかわらず人間の都合で外に出られないでいる牛も多い。

　とくによく見かけるのは、検査や品評会の際に頸から後躯まではきれい

図 96　排便のさせ方

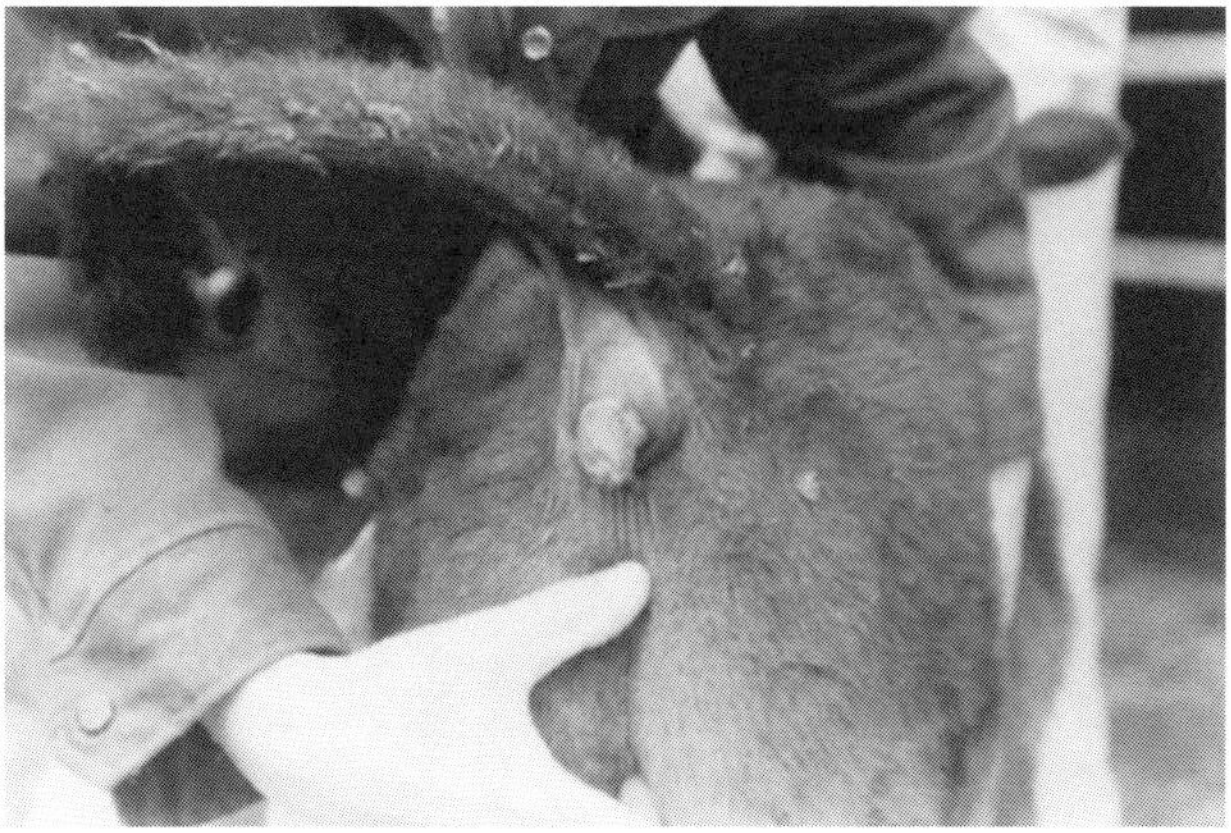

肛門の下をなでてやると尾を上げて排便する

図 97　分娩後の逆づり

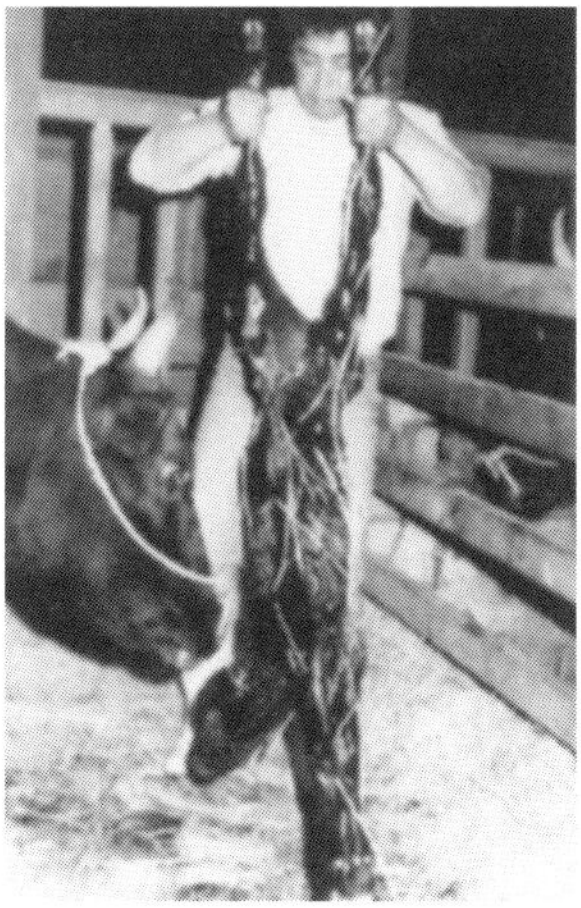

頭を持ち上げている

図98　運動場での群運動

母牛も足を伸ばして気持よくゆっくりと自由自在にしている

図99　種牛候補牛のつなぎ運動

人でいえば「キオツケ」の姿勢のつなぎ運動

にみがかれているが、顔や頭はフケがでて白くなっている牛である。牛は中躯や後躯は自分である程度はきれいにすることができるが、顔や頭はできず困っている。こうした「かゆいところに手がとどく」日常管理を省くとストレスがたまり、牛自身がその代償として繁殖成績を悪くしているかもしれない。牛の堪忍袋が大きくならないように、大きくなった袋が縮むように、一日少なくとも二、三時間は牛が自由になる時間を与えストレスを解消させ、牛が喜ぶ管理をする必要がある。

分娩前の運動は受胎をよくする

運動は繁殖成績に大きく影響しているので、運動場は欠かせないものである。しかし、運動場に出しても牛は動かず楽な姿勢で立っていることが多い。運動には共進会出品牛などには毎日のように行なう引き運動しかないと思っている人が多いが、このほかにもつなぎ運動がある。つなぎ運動とは牛を正しい姿勢で立たせることである。牛の正しい姿勢とは、肩（体高を測るところ）

と耳の高さが水平になるように頭を持ち上げ固定した、人間にたとえれば「キオツケ」の姿勢である。立棒に鼻輪を動けないほどきつくくくりつけ、こうした姿勢で二時間くらいつないでおくと運動になる（図99）。

分娩前に運動を充分に行なうことは繁殖成績の向上につながると思われる（図100）。例えば但馬地方は一～四月までに集中して分娩させるが、十一月下旬から雪が降ると牛を外に出さない農家は、翌年の受胎率が悪い傾向にある。牛を外に出すことはビタミンの合成、皮膚・被毛の刺激などにとっても重要なことである。したがって、特別の場合を除き毎日行なう必要がある。このように牛にも四季を耳だけでなく、目でも感じさせると規律ある生活となり、おとなしくあつかいやすい牛にすることができる。

図100　休耕田を利用した放牧

電気牧柵を利用すれば簡易にできる。分娩前の運動は受胎をよくする

分娩後の牛舎の汚れは禁物

分娩後一八日前後までは陰部より汚れ（悪露）が出ており、病原菌が生殖器の中に入りやすいと考えられるので、とくに牛床を清潔にすることが大切である。つなぎ牛舎の場合は牛体が汚れやすいのでなおさら、除糞をひんぱんに行なう。乳房が汚れると子牛に病気が発生する原因にもなる。

(6) 母牛の更新は六産前後

母牛の産次別に子牛の発育状況を調査したのが図101で、初産を一〇〇としたときの産次別発育の違いを生後九カ月齢の発育値で示している。部位によって違いがあるが、大部分の部位とも三産と四産がよい発育をしており、七産以上になると明らかに発育が悪くなっている。つまり、母牛の平均年齢が六歳前後であれば、発育のよい子牛ができることになる。また、畜産コンサルタントでの所得をみても、母牛の平均年齢が六歳のときがよく儲かっている。

　こうしたことから、母牛の更新の目安は老齢になってもよい子牛を産む特別な母牛を除いて、一〇歳までに更新するとよいと考えられる。また二、三産しても乳量が極端に少ない牛や、種雄牛を変えて交配しても生時体重が軽い牛、子育ての下手な牛、子牛価格が安い牛、産子の肉質がよくない牛は早期に更新する必要がある。しかし、育種価が高い、共進会等に出品したなどの理由だけで、飼育していると経営的にはマイナスになっている農家が多くみられる。とくに多頭飼育では最も注意しなければならないことで、一年に飼育頭数の一割程度は更新牛を保留・導入して育成す

図101　母牛の産次による子牛の発育値の差

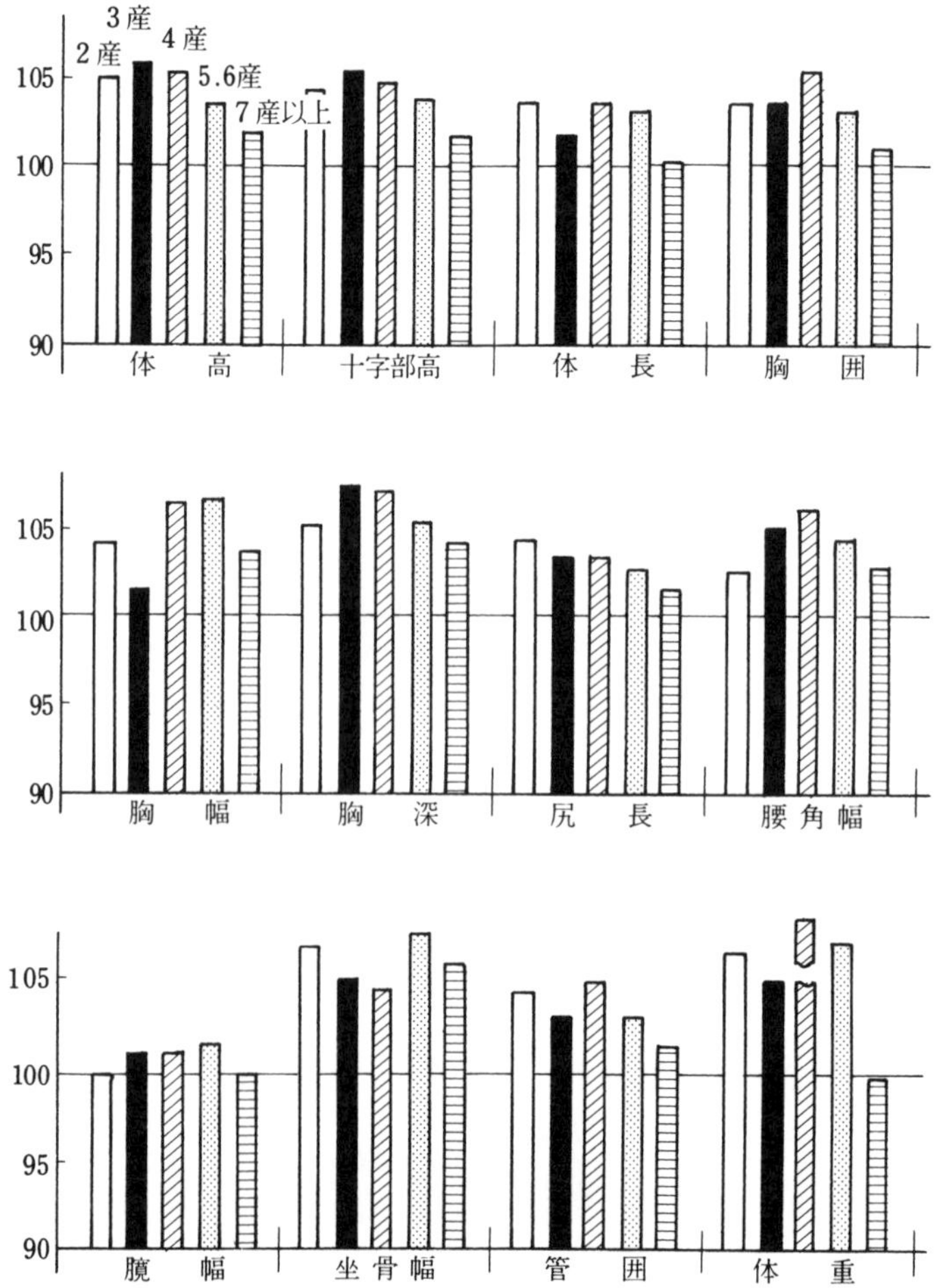

(9カ月齢時における初産を100とした指数)

ることが必要になる。そうでなければ平均年齢が六歳にならないからである。更新する牛は肥育をするなど、少しでも付加価値を高めて販売することが良策である。

(7) 牛舎構造によって管理を変える

　一見、住居と見まちがえるような牛舎もあれば、古材を利用した牛舎までいろいろあるが、牛にとってよい牛舎とはどのようなものだろうか。牛舎とは人間の住居にたとえるならば居間、食堂、寝室、便所などが一つになったものなので、ゆっくりくつろぎ寝ることのできる牛床、美味しく楽しく食べられる飼槽、きれいに掃除がいきとどき夏涼しく冬暖かい牛舎といった条件を満たす必要がある。多頭飼育になると、省力ができて効率的な牛舎構造にしなければならないが、牛にとって快適であるかどうかを忘れてはならない。

　とくにつなぎ牛舎では一頭当たりの面積が、単房にくらべ狭いので、牛が無理をしていないかどうかを見定めることが大切である。充分な観察を行ない、悪いところは早急に改善しないと、体型（耐用年数）、繁殖成績や子牛の発育に悪影響を及ぼすことになる。

　牛舎構造の違いによって単房、つなぎ、群飼の飼育方法がある。それぞれに標準量の飼料を与えて各生理段階別に太りぐあいをみると、表10のように年間をとおした太りぐあいは群飼、つなぎ、単房の順であった。このように、飼育方法によって太りぐあいに差がみられるので、飼料給与量を増減させる必要がある。しかも群飼の場合は競合がみられるので、飼料給与時だけは保定しないと強い牛がよけいに太る結果となってしまう。

　牛の汚れはつなぎ、単房、群飼の順であり、つなぎの場合は牛や牛舎が汚れやすいので、一日に少なくとも三回以上は除糞しないと子牛の病気が発生しやすくなる。

　発情は運動場があれば牛どうしの乗

表10　飼育管理方法と体重

管理方法／体重（kg）	つなぎ	単　房	群　飼
開　始　時	405	390	405
分娩直前	443	415	440
分娩前増体量	38	25	35
分娩直後	406	382	402
分娩4カ月目	420	406	433
分娩後増体量	14	24	31

り合いで発見できるが、ない場合は単房とつなぎが発見しにくいので、とくに朝の給与や除糞時の観察が重要である。

4 連産させるための母牛の飼養管理方法の要点

繁殖牛は飼養管理がしやすく、種牛能力（繁殖性、哺育能力）と産肉能力（優れた枝肉）が優れた三拍子揃った和牛が求められており、このような和牛を揃えることが生産性の向上につながり経営が安定することになる。

しかしながら、母牛に一年一産させることはむずかしく、現状における平均分娩間隔は約四二〇日（一四カ月）となっている。すなわち一年一産に比べ五五日長いことになる。このことは、例えていえば一〇頭経営では五五〇日となり、約一・五頭の不妊牛を飼育している計算になる。それでは一年一産をさせるのにどのような点を留意して飼養管理を行なえばよいのだろうか。

(1) 和牛の役割

繁殖農家では同一の飼養管理をしていても、繁殖成績に良否があるといわれていることから受胎率の高い牛と低い牛がいるのだろうか。和牛改良の源に多くの「蔓牛」が存在し、その特質条項に連産性があげられている。また、その娘牛も連産性に優れている。さらに、全国和牛登録協会は多産牛表彰規程により、現存牛で一五頭以上の子牛を生産した母牛が受賞している。これらの牛や我が家で連産する牛は、どのような体型をしているかを見ると、何か共通点があるはずである。

和牛の体型は三タイプありタイプにより体質が大きく違っている。また、古来より優良牛（種牛能力の高い牛）の条件として顔品、肩付き、腰（背腰）が重要視されている。とくに「肩で子を産む」という諺があるくらい肩付きのよいことが連産性に関係が強く、農家で連産している牛はこのような体型が多く見られる。

我が家の飼養牛の体型と繁殖性をもう一度検討し、受胎しやすい牛とそうでない牛を見くらべれば体型に違いがあるはずなので、体型上何かの基準をもうけて更新牛を選抜する必要がある。こうして我が家の飼養牛は同じような体型をした牛が揃うことになる。

(2) 飼育者の役割

①適性な母牛の更新はなされているか

母牛の更新時期は子牛の発育、泌乳量などから一〇歳（八産）を目安とし、家畜市場での価格も勘案する。飼育牛の平均年齢が六歳（四産）になっているときが安定した経営になっている農家が多く見受けられる。したがって、毎年更新牛として飼育頭数の一割は育成することが必要である。

繁殖成績からみると初産、二産時の受胎率と、その後の受胎率との関係が深いようである。一般に、分娩間隔がとくに長い場合や子育てが下手な牛は更新するものの、それ以外に不満があっても飼育を続ける農家が多くみられる。しかしながら、牛の分娩間隔を六産以上で調査した結果、二産次まで受胎率が悪い牛はその後も悪い傾向がみられたこと、子牛の市場価格も、低価格が続けば同様であったことが判明した。このことから、二産次までの成績により更新を判断しなければ連産性は望めないことになる。

②快適な管理がなされているか

牛舎には人間の家のような居間、食卓、便所などの区別がなく一カ所に集まっているので、牛が快適な生活を送れる環境であるか否かで繁殖成績に影響することになる。すなわち、牛舎は清潔で通風、採光がよく、ゆとりのある面積が確保されているかなどで、受胎成績が向上するような牛舎環境とは何かを充分に考えた管理が重要なのである。牛にとっては運動場や放牧などによる自由になる環境が最適であり、そのような環境が繁殖成績や耐用年数の向上につながるのである。

③繁殖ステージにあっためりはりのある飼料給与がされているか

繁殖成績や子牛の発育を良好にするための適正な飼料給与量は、体重、繁殖ステージ別に標準が示されている。研究によると、受胎・離乳後から分娩予定三カ月前まで（維持期）を一〇〇％とすると、分娩予定三カ月前から分娩前まで（妊娠末期）は一三〇％、分娩後離乳（四カ月前後）まで（授乳期）は二〇〇％の給与量にすることで繁殖成績を良好にすることができるという。適正な給与量の標準となる体重は分娩三カ月前時と分娩直後とはほぼ同じとなるので、分娩三カ月前の栄養状態で分娩後に維持期の二倍量の濃厚飼料を給与しても太りすぎない体重が、各牛の適正な体重と考えてよい。

一方、粗飼料主体の飼養も可能で、良質な野草の給与や放牧でも維持期の栄養をまかなうことができるし、改良草地で適正な肥培管理のもとで生産された乾草給与や放牧飼養では、授乳期に若干の濃厚飼料を補給する以外は必要な栄養は充分得ることができる。とくに、牧草、飼料作物とも栄養価の高い品種に改良されているために、維持期や妊娠末期では過栄養になると考えられるので、低品質の飼料と混合しての給与や、給与量が充分確保されている場合は、刈取り時期による栄養調製や低栄養飼料品種の栽培を行なうことが必要となる。

適正な飼養管理を行なっていても何らかの要因で繁殖障害が発生するので、分娩後四〇～六〇日経過しても良好な発情がみられない場合は、獣医師による繁殖検診が必要である。

＊＊

連産させるための要因は多いが、とくに気を付けなければならないことを、牛側と飼育者側について述べてみた。

「和牛は語るが、和牛は語りかけない、和牛と語れ」が私の和牛に対する基本である。どうすれば繁殖成績が向上するかを、和牛と相談しながらみつけだして生産性向上を図る必要がある。

第6章

儲かる経営と飼い方

1　なぜ儲からないのか

(1)　金と労力のかけ方がまちがっていないか

儲かる繁殖経営のためには、貴重な金と労力を最大限に生かす工夫が大切で、どこに集中的に金と労力をかけるべきかの判断が必要である。多頭飼育農家でよく目につくのが農機具である。大型トラクター、ハーベスター、モアーなどが野外に陳列されて、いつ使われているのかわからないくらいに腐った草がべったり付いている、といった光景がみられる。これらの償却費はいくらになるのか、償却費で草を購入すればどのくらいの牛が飼えるのかと、つい思ってしまう。牛はと見ると、体は汚れ、腹は小さく、子牛の発育も悪いことが多い。一方、立派な牛舎が建てられているのを見ると、はたして経営は大丈夫なのかと心配になる。

繁殖経営で儲けてくれるのは牛で、牛が満足していないとよい子牛を産んでくれない。牛舎や機械などの外観だけでなく、中身の牛がよくなければ儲かる経営にはならないのではないだろうか。そして儲けたお金はさらに牛に投資することが必要と思われる。牛がよくなれば自然と外観もよくなってくるものだ。

例えば、市販の乾草が安価であれば、粗飼料を栽培するよりも購入して、余った労力で牛の個体管理を徹底したり、増頭するほうがかえって収入が増えることになると思う。このようにどこにお金を使えば儲けにつながるかをよく見極め、その時代に合った経営をすることも重要である。

(2)　牛に接する時間が少なくなっていないか

低コスト生産のためには、牛の健康状態や発情などを短時間で観察する能力をもち、生産費のなかで大きな割合を占める飼料費を節減するために粗飼料生産を行なうことが大切である。しかし、粗飼料生産を行なう場合、田畑が集団化されていて機械収穫が可能な地域は別として、そうでない地域では粗飼料生産に多くの労力が必要になる。そうなると、日々の状態の変化が少なく、不満を言わない牛に接する時間を少なくしがちである。

このために、繁殖成績や子牛の発育

が悪くなり、コストはかえって高くなる。飼料栽培では肥料などの不足で生育が悪い場合は、だれかが注意してくれるが、牛が発情や下痢などをしていてもだれも教えてはくれない。

牛と接する時間がいかに重要か。多頭飼育を始めた若夫婦の例を紹介しよう。牛の状態が悪いのでみてほしいとの相談があった。一日の作業内容を聞くと、粗飼料生産に費やす時間がかなり多く、また住居と牛舎が離れているため毎日何回となく往復して管理をしなければならないなど、牛と接する時間が短く、観察が不充分であることがわかった。そこで牛舎の二階に横になれる部屋をつくってもらった。そうしたところ牛舎に長くとどまることができるようになった。しかも、二階にいても牛の物音で状態がわかるのですぐ適切な対処ができるようになり、牛の状態がよくなった。今では、牛舎が住居と離れている地域の多くの多頭飼育農家は、このような部屋をつくって、牛に接する時間を多くして、よい成績を上げている。

多頭飼育になると省力管理をしなければコストダウンできないと言われるが、和牛は手をかければかけるほど牛がよくなり、高値販売が可能となる。かけた労力以上に高値販売できれば、必ずしもコスト高にはならないだろう。とくに、種畜素牛生産の場合は毎日の管理時間を多くして、個体管理を徹底することが不可欠である。

(3)「だろう飼い」になっていないか

最近では和牛も多頭化がすすみ、牛からの収入の割合が多い農家が増え、イナ作をやめて牛のみの専業農家もみられるようになってきた。こうした経営になると、今までのように、このぐらいでよいだろうといった管理をしていると、儲けに大きな差が出てしまう。経営のどこに金を投資するか、将来を見通した牛づくりなど、経済感覚をもった牛飼いをしなければならない。

とくに昔とは大きく変わった飼料給与について、考え直してみる必要がある。和牛は乳牛と異なり、与えた飼料の量や質のよしあしが長期間かかってはじめて結果として現われる。このため繁殖障害などが症状として現われたときには、とりかえしがつかなくなっている場合が多い。濃厚飼料中心で単一な粗飼料の長期間給与になった現在、よく肥えて肥育牛に見まちがえる牛がみられるのは、「だろう飼い」になっているためではないだろうか。

また、和牛は体を維持していくのに多くの栄養分は必要としない。とくに

図102　飼料給与量と体重のチェック表の例

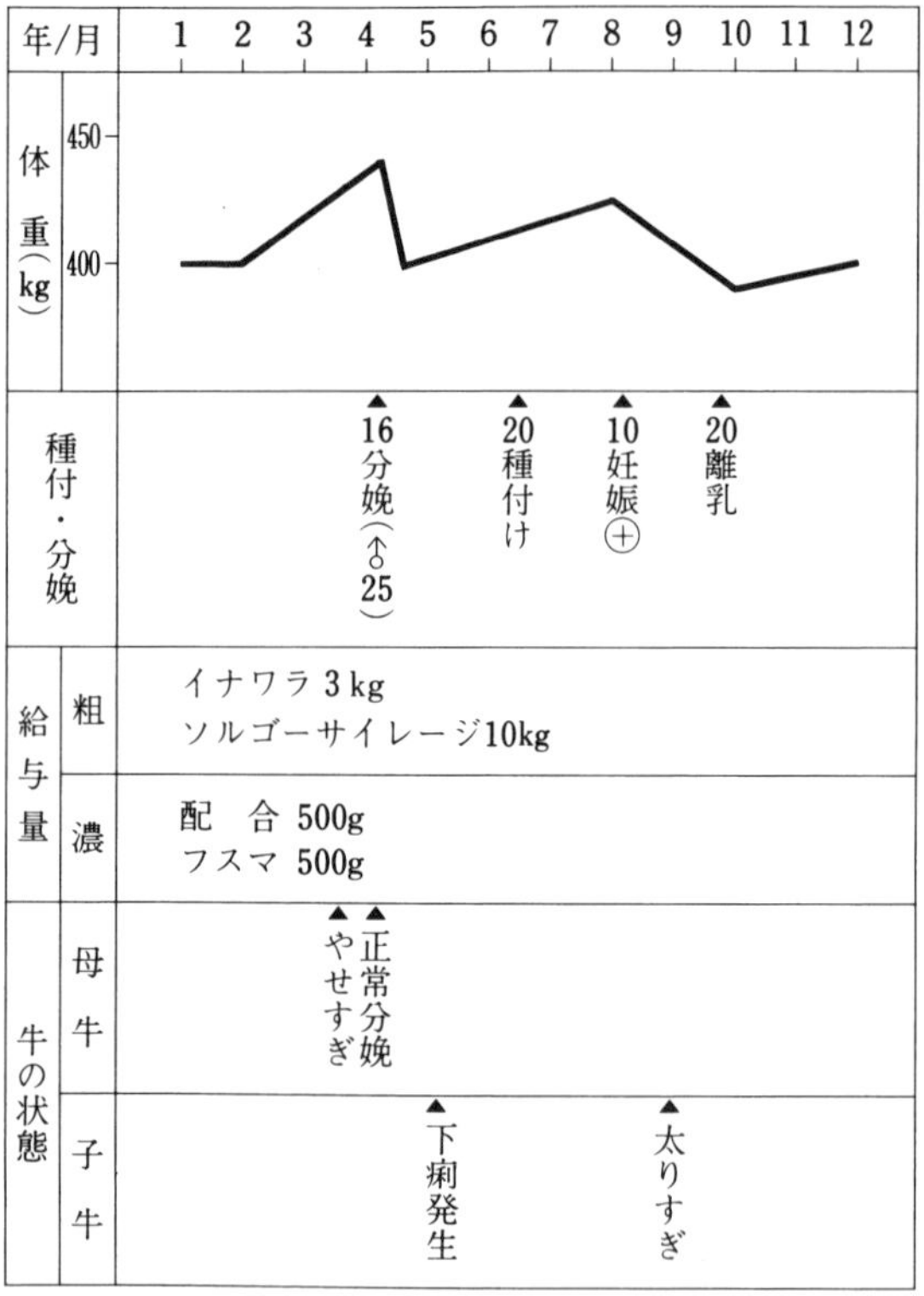

舎飼い中心で運動場が狭い場合や冬期間屋外に出さない場合には栄養分はもっと少なくてよい。このように濃厚飼料の必要量がそもそも少ないので、給与量を計らず、子牛価格が高ければ多めにし、安いときは少なくしがちである。しかし、飼料の量を計らないで一日一〇〇グラムずつ多く与えると一カ月に三キロ、一年だと三六キロもむだな飼料を与えているばかりでなく、牛は肥えて繁殖成績や子牛の発育に悪い影響を与えることになる。

ときどき体重や胸囲を測りコンディションをチェックし、図102のようなグラフをつくり、今後の飼料給与の目安とすることが大切である。また、粗飼料も必要に応じてサイレージなどの品質を検査して飼料給与量を決めるべきである。そうしないと気がつかないうちに、何も文句を言わない牛にしわよせをすることになって、結局損をしてしまう。

(4) 経営改善の三つのチェックポイント

「最近儲けが少ない」という農家の話をよく聞いてみると、頭数に対して牛舎の面積が狭かったり、産次の高い母牛が多かったり、労力のわりに頭数が多すぎたりというケースがよくみられる。

例えば子牛の価格が高いときには、妊娠牛を導入して子牛を産ませると、一時的には儲かる。しかし、結局は牛舎が狭くなって子牛の発育が悪くなったり、事故が出たりして損をしてしまう場合が多いようだ。年により利益に波があり、繁殖成績や子牛の発育などが今一息の場合、次の三点がチェックポイントである。

牛舎の面積

牛舎の面積は牛にとって大切で、牛にストレスを与えないゆっくりとしたスペースが必要である。牛舎の面積がいかに重要であるかの例として、二〇頭牛舎に一六頭、一八頭、二〇頭を入れたそれぞれの農家の経営収支をみると、販売した子牛の価格総額はほぼ同額になっており、少ない頭数を飼育している順に儲けが多くなっていた。他の要因も考えられるが、牛舎に余裕があれば、万一、病気や事故の場合には、他の牛房に移すなど、牛の状態に応じて適切に対応できるので、安定的な儲けにつながる。

子牛の発育も牛舎の面積に左右される。とくに、雌子牛ははね廻って運動することは少ないが、雄子牛ははね廻ることが多いので、雄子牛のほうが広い面積が必要になる。例えば、牛舎の面積が狭い場合、雌子牛が多く生まれた年は順調に発育するが、雄子牛が多い年は発育のバラツキが多くなってしまう。まして目的に合わせて子牛をグループ分けして管理する場合は、なおさら広めのスペースが必要になる。つまり、安定的に儲けるためには、飼養頭数の少なくとも二～三割余裕のある牛舎の面積を確保する必要がある。

母牛のよしあし

儲けを多くするには時代の要求に合った牛づくりも大切だが、何といっても繁殖成績、哺育能力、産肉能力のよい母牛を飼育することが重要である。最近の牛は舎飼いが多くなり、飼育方法も大きく変わったため、放牧中心で育った昔の牛とくらべ肢蹄が弱くなり、耐用年数も短くなっている。産次ごとの繁殖成績や子牛の発育は特別な牛を除いて六歳頃がいちばんよい結果が得られているので、母牛の更新時期が遅れないようにしたい。

更新時期が遅れると、何年かは続けて儲かっていたのに、その後牛全体が高齢化し急に儲けが少なくなるケースがみられる。とくに少頭数飼育の場合は一頭の成績が全体へ大きな影響を与えるので注意が必要である。よい母牛の選定と適切な更新が儲けにつながる。

労力に見合った頭数

コストの低減を図るために粗飼料生産や多頭化をすすめることは儲けにつ

ながる。しかし、牛の飼育に費やす一日の時間のうち少なくとも三割くらいは除糞などの作業も含め、牛舎にとどまり、牛とふれ合う時間が必要である。この時間を無視してまで粗飼料生産に時間を費やしたり多頭化すると、どうしても牛の観察や手入れがおろそかになり、儲けにはつながらない。むやみに頭数を増やすのではなく、労力に見合った飼育頭数と最大の利益を得ることを念頭においた経営とすべきである。

2 経営タイプに応じた飼い方とは

繁殖経営には広大な土地を利用した放牧中心の飼育から、狭い土地と運動場を活用した集約的な飼育までさまざまな立地条件があり、また繁殖から肥育までの一貫経営と繁殖中心の経営とがあり、それぞれによって飼い方が異なる。しかし、いずれにしても経済動物となった和牛の使命である母牛の連産性と子牛の発育性を高めるために、母牛では妊娠末期から分娩後受胎確認まで、子牛では生後三〜四カ月までの重要な時期の個体管理が不可欠となる。

(1) 専業・多頭経営での目標と管理法

個体管理の徹底と種牛販売で安定経営

専業経営となると子牛価格によって頭数は異なるが、一年一産を確実にし、子牛は悪くても市場平均より二〜三割以上高く販売しなければならない。また、年により波があってはならず毎年安定した経営が望まれる。受胎率一〇〇%、生産率九五%を目標とし、個体管理を徹底的に行なう必要がある。このためには我が家の飼養管理に合った連産性や乳量の多い牛を揃えることが重要である。また、牛と接する時間を多くとり、飼料給与も個体ごとに牛の状態に合わせて細かくコントロールするなどの気配りが欠かせない。一方、儲けの多い子牛には充分手をかけ、肥育素牛などはポイントだけをおさえ、できるだけ手を省くといった、いわゆる自己流の牛飼いもマスターしなければならない。

子牛の育て方は二とおり考えられる。一つは全頭を市場の平均価格より二〜三割以上高くする飼い方であり、もう一つは種畜素牛として高価に販売可能な牛と平均的に販売する牛とに分けた飼い方である。例えば、二〇頭経営であれば五～六頭を種畜素牛とし、残りは肥育素牛とする。私としては後者のほうがより安定的な経営になると思う。しかしこの場合も発育の悪い「こびれ牛」を出さず、全頭を平均価格以上で売るような管理が欠かせない。

子牛の月齢で牛舎の使い方を変える

多頭飼育経営では個体を集団管理する能力が求められるので、必ず運動場を設け、さらに牛舎の使い方、分娩時期なども考えなければならない。

例えば狭い土地で一部里山を利用したつなぎ牛舎での多頭飼育の場合には、図103のように分娩末期から受胎確認までは母牛に比較的広い面積を確保して分娩、子育て、授精が円滑になるように心がける。その後生後四カ月を過ぎるころになると受胎し子牛も別飼い飼料が中心となり母牛の役目はほぼなくなるので、母牛のほうは面積

図103　牛舎の使い方の工夫

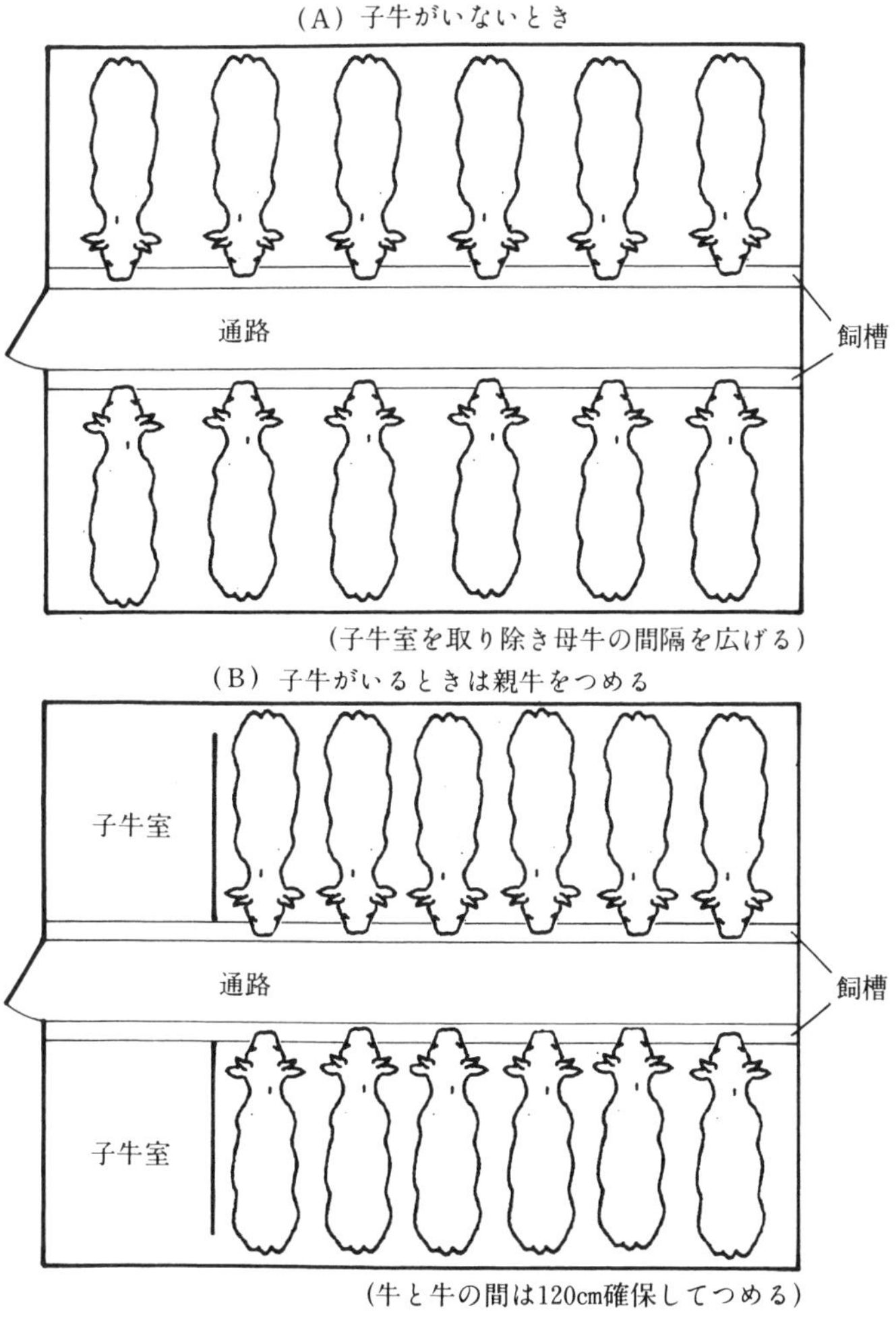

(A) 子牛がいないとき

(子牛室を取り除き母牛の間隔を広げる)
(B) 子牛がいるときは親牛をつめる

(牛と牛の間は120cm確保してつめる)

図104　里山の有効利用

分娩4カ月を過ぎると母牛は里山で放牧

図105　運動場に出すと観察しやすい

牛舎は右上の高台にある

を狭めたり離乳して里山に出すなどして、大きくなった子牛のための面積を確保し、子牛の発育を促すようにする。とくに近年は子牛市場に出荷する月齢が長くなっているので、なおさら子牛のための面積を広くする必要がある。

また、分娩時期を二～三カ月間に集中させると牛舎が効率よく使え、グループ分けした管理や発育に合わせた管理ができやすくなる。

(2) 複合経営での目標と管理法

牛に教わる雄子牛利用の発情発見

複合経営ではよほど牛が好きで飼育している場合を除き、牛からの収入が家計の総収入の六〇％以上を占めなければ、どうしても年によって繁殖成績が低下したり、子牛の発育にバラツキが出やすいように思われる。管理はある程度粗放的になるが、受胎率九〇％、生産率八五％を目標とする。専業経営と同様に牛にとって重要な時期の個体管理は欠かせないが、労力は限られているので、牛を運動場に出すなど自由

図 106　季節繁殖は管理しやすく発育が揃う

図 107　複合経営での種牛生産（3 頭飼育）

右端が母牛，左端は自家保留候補牛

にする時間を増やし牛に教えてもらうことも大切である。

繁殖成績を高めるための一つの方法として、雄子牛の乗駕を利用した発情の発見がある。雄子牛は四カ月齢以上になると母牛の発情を発見してくれる。人間に発情がわかる一日前くらいから、発情した母牛を飼料を食べずに尾行するので、運動場に出しておけば近くの田畑からでも充分みつけることができ、また牛舎内でも雄子牛の行動をみていれば容易に発見することができる。

そのためには、母牛が受胎するまで子牛の去勢時期を遅らせる必要がある。去勢は遅くとも市場出荷三カ月前までに行なえば有利に販売できるので、生後七カ月近くまで去勢を遅らせることになる。例えば、一年のうちで他の農作業に手がかかり、牛に接する時間がない期間が五～七月までだとすると、一月に生まれた雄子牛のうち一頭だけを七月まで去勢せずに、発情発見用に残しておけばよい。このような方法は一貫経営では容易に取り入れることができる。

乳量の多い母牛で農閑期分娩

子牛の発育は母牛の乳量によって大きく左右されるので、乳量の多い系統の母牛を選び飼育すると、あまり手をかけなくても子牛の発育をよくすることができる。しかし、いずれにしても牛にとって重要な時期には少しでも牛と接する時間を多くする必要があるので、農閑期に集中して分娩、受胎させるように授精期を決める、いわゆる「季節繁殖」がよいと考えられる。季節繁殖は子牛の月齢差が小さいので、管理しやすく発育を揃えやすい。

但馬地方の代表的な複合経営は、春から秋にかけての牛飼いと米づくり、冬場の酒造り（出稼ぎ）であるが、季節繁殖でまだ農作業の忙しくなる前の早春に集中して分娩させ、牛と接する時間を充分にとり、よい成績を上げている農家が多い。なかには、三頭前後の少頭飼育でもよい母牛を揃え、酒造りから帰ってからは引き運動などの個体管理を徹底して行ない、ほとんどの子牛を種畜素牛として一頭当たり一〇〇万円以上の高値で販売している農家もみられる。

付　録

付図1－①　子牛体高の正常発育範囲（但馬牛）

＊第3章 子牛の飼い方 3-(2)発育の目安は
体高を重視して(58ページ)参照

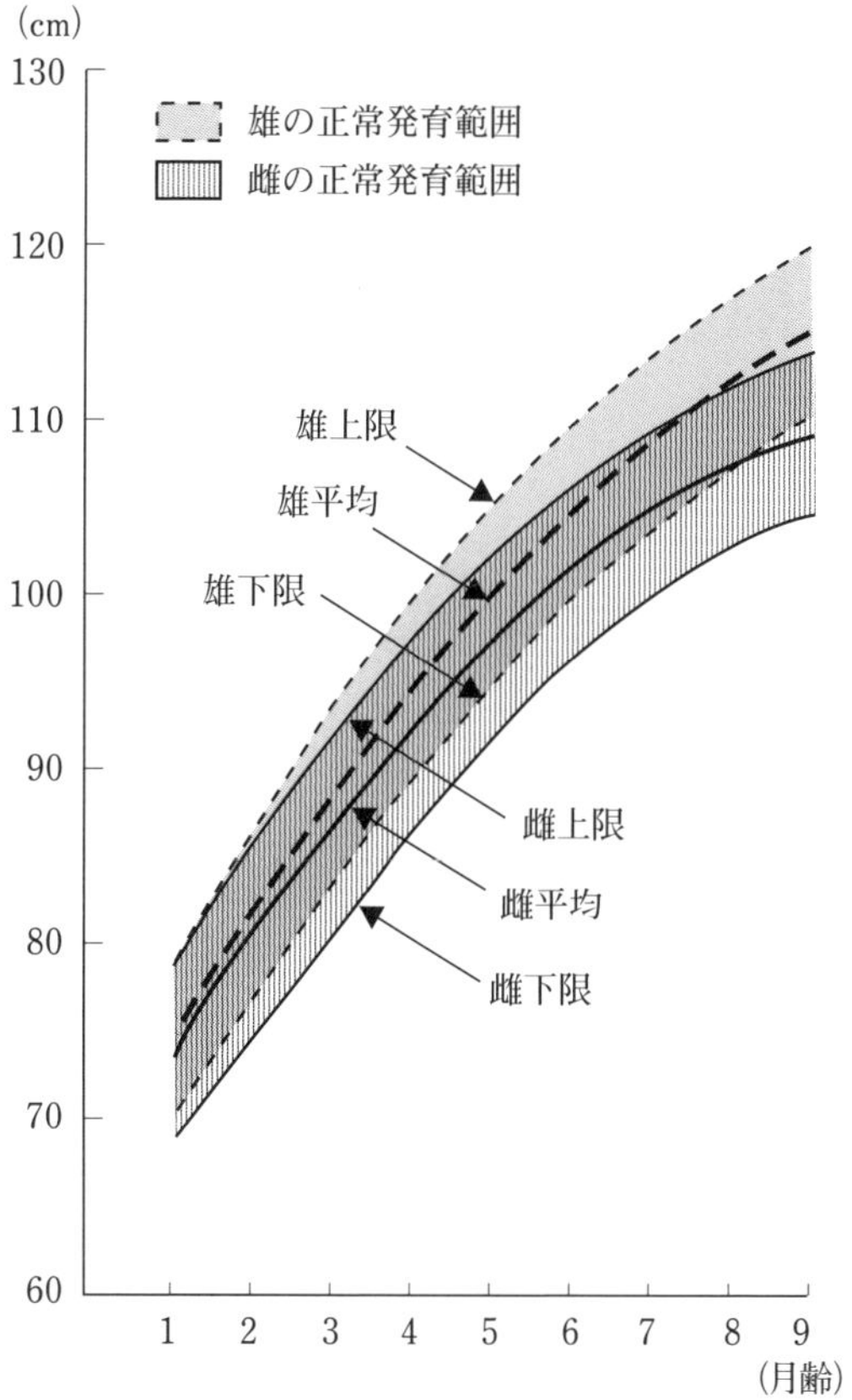

付図1－②　子牛体重の正常発育範囲（但馬牛）

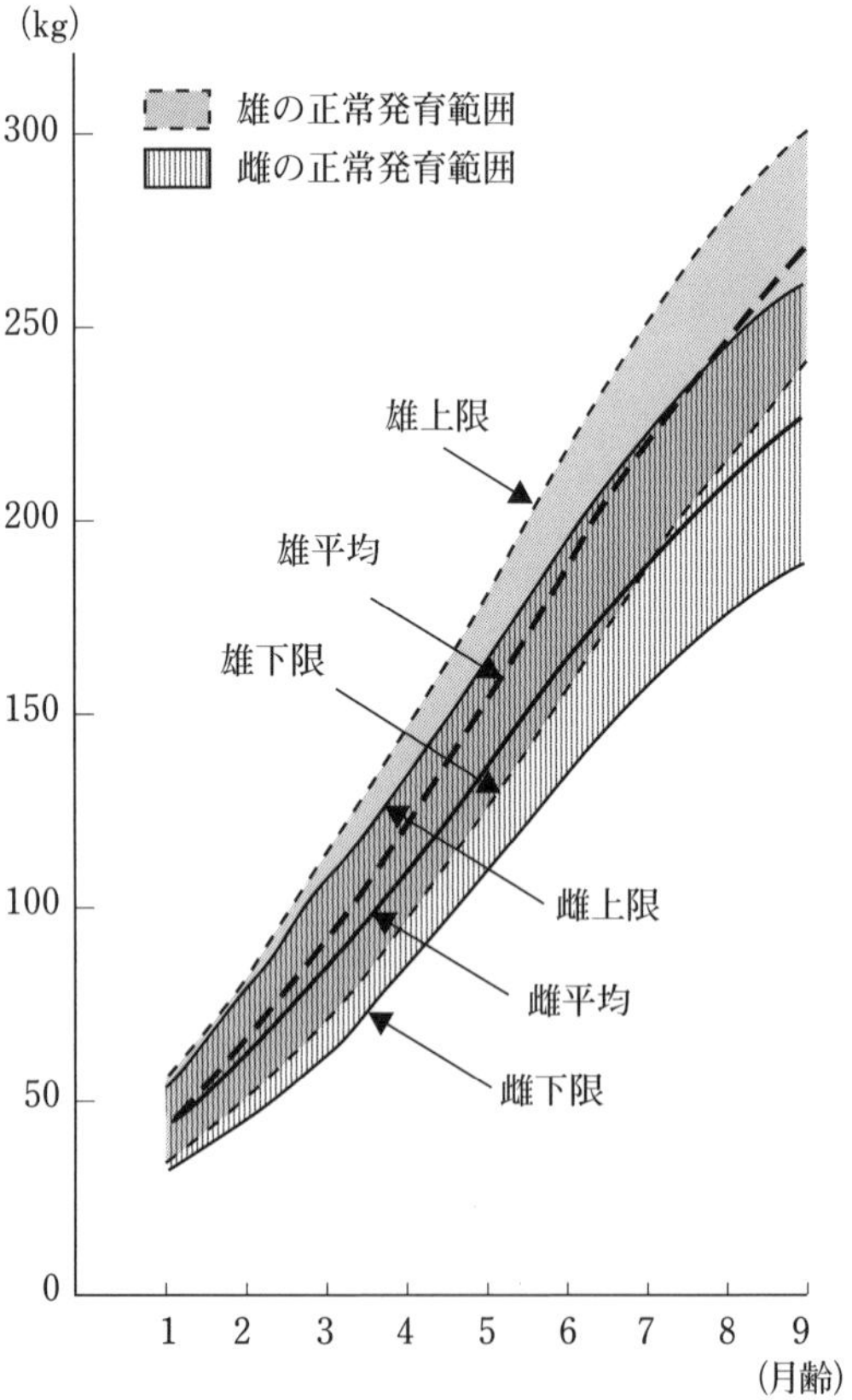

付図１－③　但馬牛と全国和牛登録協会値との体高の比較（正常発育の平均値）

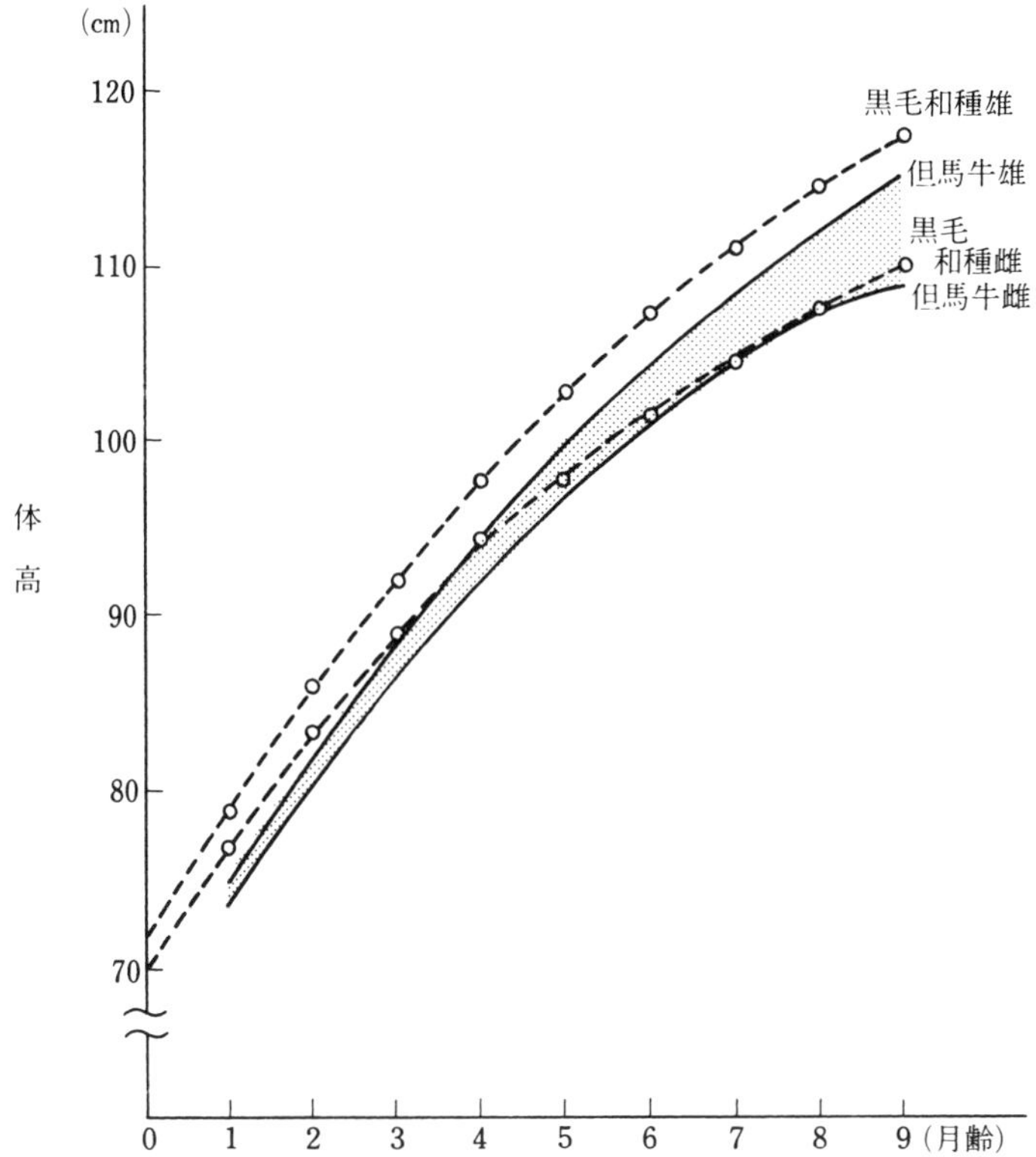

管理方法（牛の状態をみながら増減する）

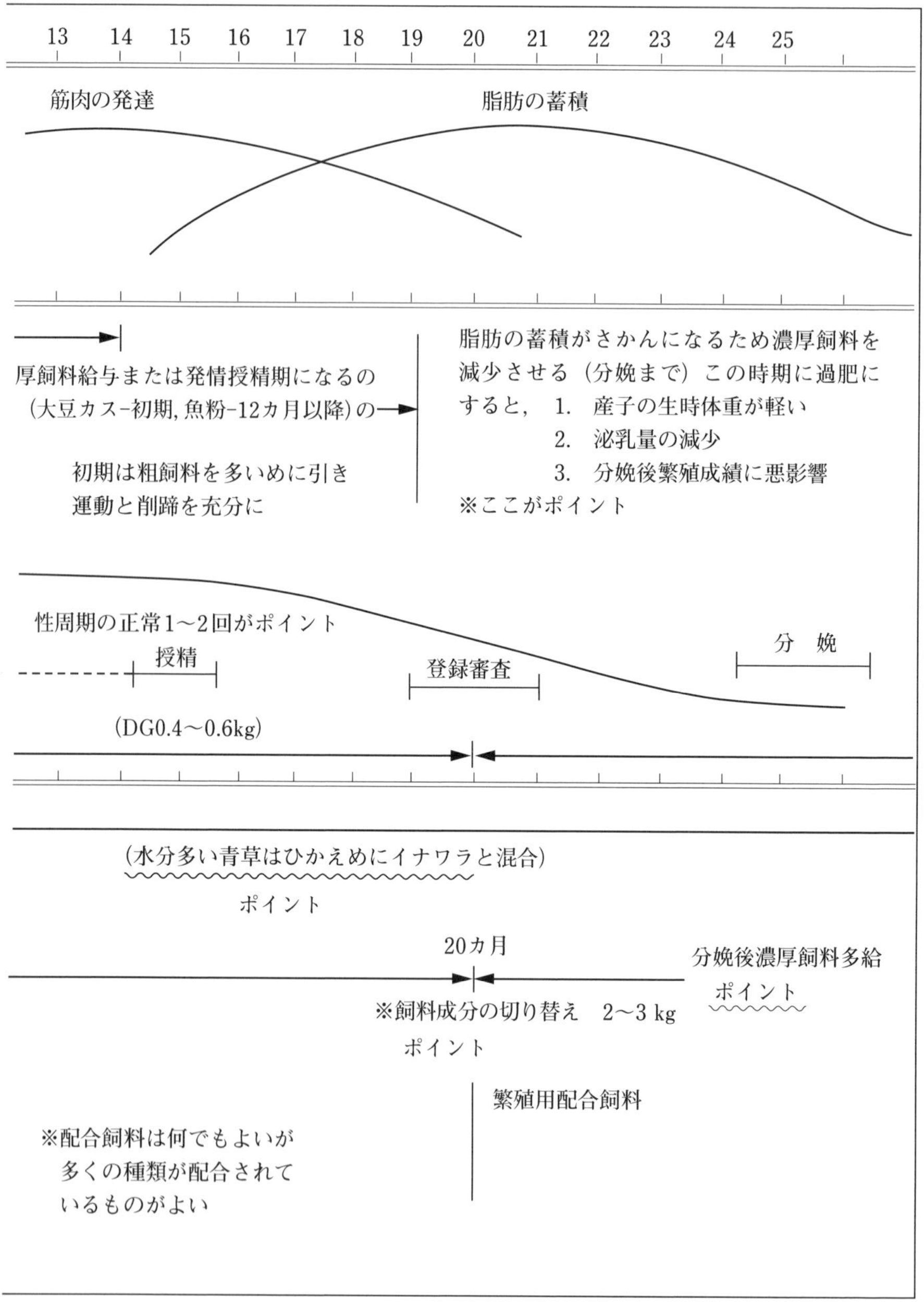
13 14 15 16 17 18 19 20 21 22 23 24 25
筋肉の発達
脂肪の蓄積
厚飼料給与または発情授精期になるの
（大豆カス–初期，魚粉–12カ月以降）の
初期は粗飼料を多いめに引き
運動と削蹄を充分に
脂肪の蓄積がさかんになるため濃厚飼料を
減少させる（分娩まで）この時期に過肥に
すると，1. 産子の生時体重が軽い
2. 泌乳量の減少
3. 分娩後繁殖成績に悪影響
※ここがポイント
性周期の正常1～2回がポイント
授精
登録審査
分 娩
（DG0.4～0.6kg）
（水分多い青草はひかえめにイナワラと混合）
ポイント
20カ月
分娩後濃厚飼料多給
ポイント
※飼料成分の切り替え 2～3 kg
ポイント
繁殖用配合飼料
※配合飼料は何でもよいが
多くの種類が配合されて
いるものがよい

付図2　繁殖雌牛の初産分娩までの飼育

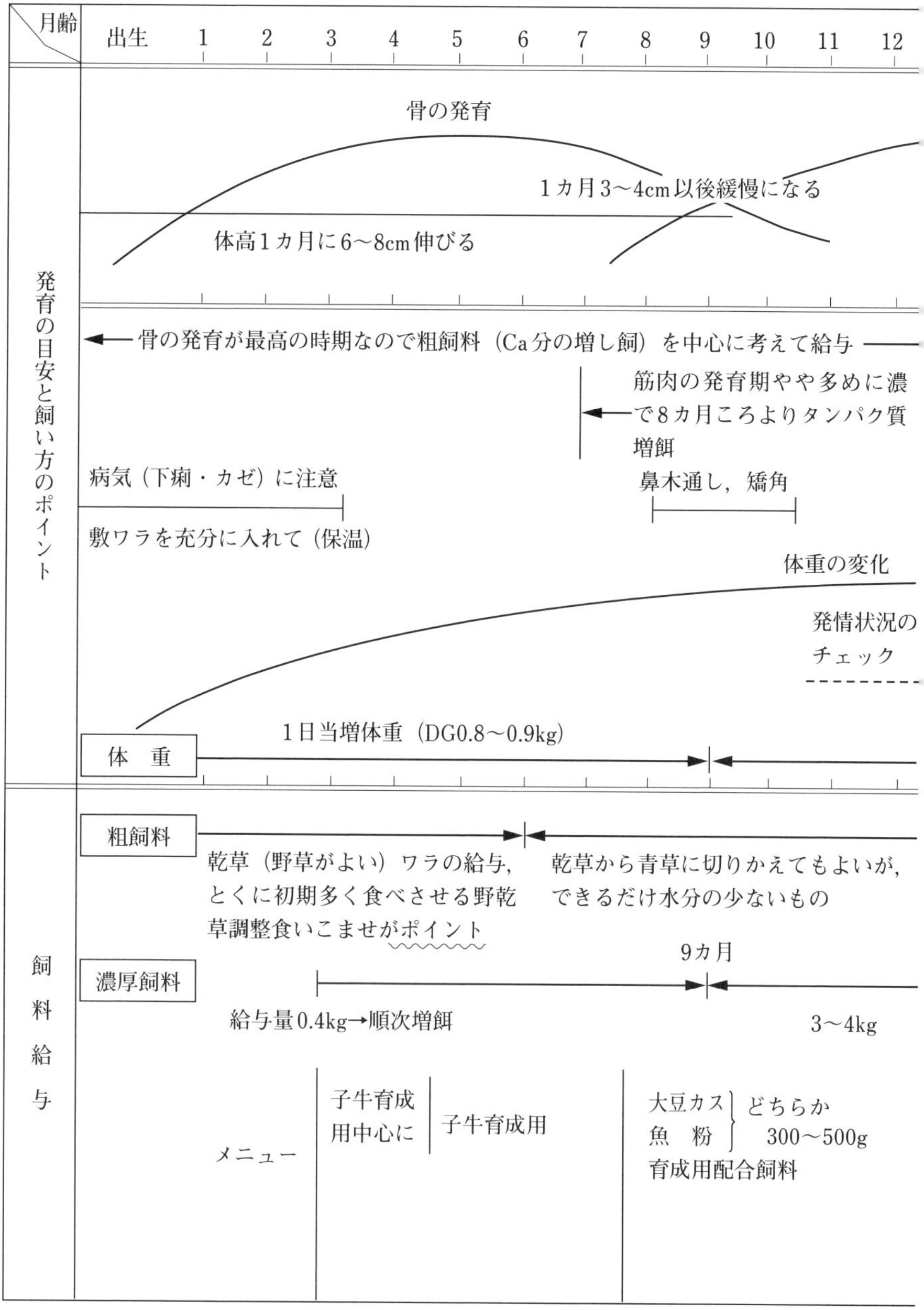
月齢
出生
1
2
3
4
5
6
7
8
9
10
11
12
発育の目安と飼い方のポイント
骨の発育
1カ月3～4cm以後緩慢になる
体高1カ月に6～8cm伸びる
骨の発育が最高の時期なので粗飼料（Ca分の増し飼）を中心に考えて給与
筋肉の発育期やや多めに濃
で8カ月ころよりタンパク質
増餌
病気（下痢・カゼ）に注意
敷ワラを充分に入れて（保温）
鼻木通し，矯角
体重の変化
発情状況の
チェック
体　重
1日当増体重（DG0.8～0.9kg）
飼料給与
粗飼料
乾草（野草がよい）ワラの給与，
とくに初期多く食べさせる野乾
草調整食いこませがポイント
乾草から青草に切りかえてもよいが，
できるだけ水分の少ないもの
濃厚飼料
9カ月
給与量0.4kg→順次増餌
3～4kg
メニュー
子牛育成
用中心に
子牛育成用
大豆カス
魚　粉
どちらか
300～500g
育成用配合飼料

著者略歴

太田垣　進（おおたがき　すすむ）

昭和42年　日本獣医畜産大学　獣医学科卒業
昭和42年　兵庫県立畜産試験場
平成17年　兵庫県立中央農業技術センター　畜産技術センター所長兼
　　　　　家畜部長（定年退職）

この間試験研究機関のみの勤務で，一貫して和牛の改良，飼養管理，産肉生理などの試験研究と，その成果の普及および農家指導に携わる。

現在，株式会社オールインワン　技術部顧問

現住所　兵庫県養父市長野165

新版 **系統牛を飼いこなす**
多頭化時代の儲かる飼養技術

2008年3月31日　第1刷発行
2021年5月15日　第4刷発行

著者　太田垣　進

発行所　一般社団法人　農山漁村文化協会
郵便番号 107-8668　東京都港区赤坂7丁目6－1
電話　03(3585)1142(営業)　03(3585)1147(編集)
FAX　03(3589)1387　　振替　00120-3-144478
URL　http://www.ruralnet.or.jp/

ISBN978-4-540-08115-6　DTP製作／(株)新制作社
〈検印廃止〉　印刷／(株)光陽メディア

製本／根本製本（株）
Printed in Japan　定価はカバーに表示
乱丁・落丁本はお取り替えいたします。